Die symmetrischen Komponenten unsymmetrischer Drehstromsysteme

Von

Dr.-Ing. Ernst Hueter

o. Professor der Elektrotechnik
an der Technischen Hochschule Darmstadt

Mit 35 Abbildungen

Walter de Gruyter & Co.

vormals G. J. Göschen'sche Verlagshandlung — J. Guttentag, Verlagsbuchhandlung
Georg Reimer — Karl J. Trübner — Veit & Comp.

Berlin 1949

Archiv-Nr. 13 30 49
Druck von Eduard Roether in Darmstadt

Vorwort

Die Methode der Zerlegung unsymmetrischer Drehstromsysteme in ihre symmetrischen Komponenten hat bisher recht wenig Eingang gefunden.

Der Verfasser hat sich daher bemüht, das Ganze einmal von physikalisch-anschaulichen Gesichtspunkten aus, wesentlich auf Grund energetischer Betrachtungen, darzustellen. Vielleicht gelingt es auf diese Weise, die Dinge weiteren Kreisen näher zu bringen.

Von der komplexen Rechnung wurde kein Gebrauch gemacht, da die Darstellung durchweg auf Betrachtung der Augenblickswerte des Leistungsumsatzes aufbaut und diese sich komplex nicht oder mindestens nicht ungezwungen darstellen lassen.

Die kleine Schrift ist unter recht erschwerenden Umständen erstanden. Für Hinweise auf Fehler, überhaupt für jede Anregung wäre der Verfasser daher besonders dankbar.

Allen Mitarbeitern, dem Verlag und der Druckerei sei für ihre trotz aller Schwierigkeiten stets verständnisvolle Hilfsbereitschaft herzlich gedankt.

Weihnachten 1946

Ernst Hueter

Inhaltsverzeichnis

Einleitung

Unsymmetrische Drehstromsysteme treten praktisch nicht selten auf. Eine ganze Reihe von Verbrauchern, die zudem vielfach zunehmende Bedeutung erlangen, sind von Haus aus einphasig und stören die Symmetrie; Störungen (Kurzschluß, Erdschluß) haben gleichfalls meist Unsymmetrien zur Folge. Es ist daher wichtig, mit unsymmetrischen Drehstromsystemen rechnen zu können, ferner, den Unsymmetriegrad klar zu definieren, und schließlich, die Frage der Möglichkeit künstlicher Symmetrierung zu erörtern.

Hierfür eignet sich hervorragend die Methode der Zerlegung des unsymmetrischen Systems in seine symmetrischen Komponenten[1]). Sie wird im Folgenden mit einfachen Mitteln dargestellt.

Grundlagen, Einphasensystem und Drehstromsystem

Zunächst seien einige für das Weitere wesentliche Grundlagen zusammengestellt. Die bekannte rechnerische Behandlung ist kurz angedeutet. Es werden ausnahmslos sinusförmige Spannungen und Ströme vorausgesetzt.

1. Im Einphasensystem ist der Augenblickswert des Leistungsumsatzes nicht konstant, sondern schwingt nach einem Sinusgesetz doppelter Frequenz um den Mittelwert, bei Wirklast z. B. zwischen Null[2]) und dem doppelten des Mittelwertes, bei reiner Blindlast zwischen gleichen positiven und negativen Höchstwerten, bei gemischter Last schließlich zwischen ungleichen Höchstwerten.

---

[1]) Siehe das Schrifttumverzeichnis am Schluß.

[2]) Dem Nullwert des Leistungsumsatzes entspricht im mechanischen Analogon der „tote Punkt" etwa der einkurbligen Dampfmaschine.

Befolgt die Spannung das Gesetz

$$u = U_m \sin(\omega t + \varphi_u) \tag{1}$$

und ist der Strom

$$i = J_m \sin(\omega t + \varphi_i) \tag{2}$$

so wird der Augenblickswert der Leistung

$$N_t = U \cdot J \cdot [\cos(\varphi_i - \varphi_u) - \cos(2\,\omega t + \varphi_u + \varphi_i)]. \tag{3}$$

Die Leistung besteht also aus einem zeitlich konstanten Teil, der gleichzeitig den zeitlichen Mittelwert darstellt (gewöhnlich kurz als „Leistung" oder „Wirkleistung" bezeichnet),

$$N_w = U \cdot J \cdot \cos(\varphi_i - \varphi_u) \quad \text{oder} \tag{4}$$

$$N_w = U \cdot J \cdot \cos \varphi, \tag{5}$$

wenn $\varphi = \varphi_i - \varphi_u$ die relative Phasenverschiebung des Stromes gegen die Spannung ist, und einem mit doppelter Frequenz schwingenden Anteil, dessen Mittelwert Null ist,

$$N_{t_s} = -U \cdot J \cdot \cos(2\omega t + \varphi_u + \varphi_i) \quad \text{oder} \tag{6}$$

$$N_{t_s} = -U \cdot J \cdot \cos(2\,\omega t + \varphi), \tag{7}$$

wenn $\varphi_u = 0$ und φ wieder die relative Phasenverschiebung des Stromes ist, mit den Höchstwerten

$$N_s = \pm U \cdot J \quad \text{unabhängig von } \varphi, \tag{8}$$

gewöhnlich als „Scheinleistung" bezeichnet. (Dem Begriff Scheinleistung fehlt also keineswegs, wie oft angegeben wird, der physikalische Sinn; die Scheinleistung ist der Höchstwert der Leistungsschwingung, der von der Phasenverschiebung nicht abhängt.)

Schließlich wird noch die „Blindleistung" mit

$$N_b = U \cdot J \cdot \sin \varphi \quad \text{definiert; dann gilt} \tag{9}$$

$$N_s^2 = N_w^2 + N_b^2. \tag{10}$$

Abb. 1 zeigt die graphische Darstellung.

2. Ein Drehstromsystem entsteht durch die Kombination[3]) dreier Einphasensysteme. Es ist s y m m e t r i s c h, wenn die drei Ströme und die drei Spannungen unter sich gleich groß und um je $^1/_3$ Periode (120°) gegeneinander phasenverschoben sind.

Im Gegensatz zum Einphasensystem ist im symmetrischen Drehstromsystem der Gesamtleistungsumsatz n i c h t pulsie-

[3]) Hierbei ist zunächst noch nicht an Verkettung gedacht; das Drehstromsystem wäre also ein Sechsleitersystem.

Abb. 1.
Einphasensystem.
Augenblickswerte der Spannung u, des Stromes i und der Leistung $N_t = u \cdot i$ als Funktion der Zeit t bei Stromnacheilung. N_w Mittelwert der Leistung oder Wirkleistung, N_s Scheinleistung.

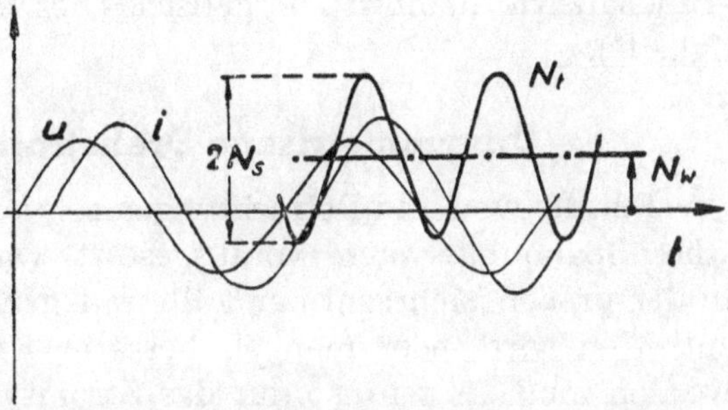

rend, sondern zeitlich konstant[4]). (Dies gilt übrigens nicht nur für das Drei-, sondern für jedes beliebige Mehrphasensystem; einfachheitshalber sei die Betrachtung auf das weitaus häufigste, auf das Dreiphasensystem, beschränkt.) Die Gesamtleistung ist gleich der Summe der Leistungen der einzelnen Phasen (Abb. 2); bei der Addition heben sich die Sinusfunktionen doppelter Frequenz heraus, und nur der konstante Betrag $N = 3 \cdot U \cdot J \cdot \cos \varphi$ bleibt übrig. Dabei kann dieser konstante Betrag natürlich Null sein, nämlich bei $\varphi = \pm 90^0$ und damit $\cos \varphi = 0$.

Demnach unterscheiden sich Ein- und Dreiphasensystem

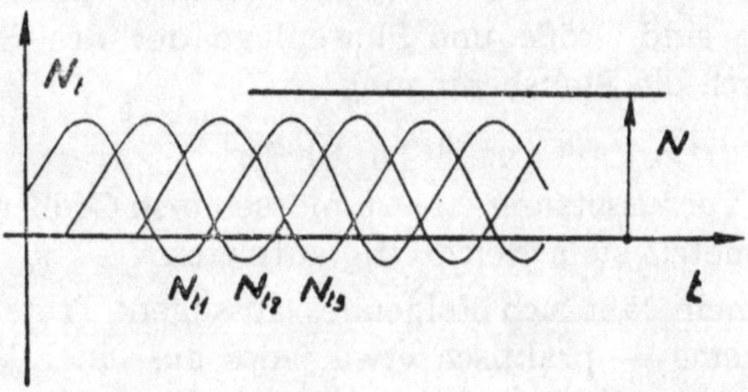

Abb. 2.
N_{t_1}, N_{t_2}, N_{t_3} Leistungsumsatz der einzelnen Phasen, $N = N_{t_1} + N_{t_2} + N_{t_3}$ konstante Gesamtleistung.

---

[4]) Diese Regel ist **n i c h t** umkehrbar; es gibt auch unsymmetrische Systeme mit konstantem Leistungsumsatz. Man spricht daher von „ausgeglichenen" oder auch „balanzierten" Systemen, wenn der Leistungsumsatz konstant ist; sehr oft sind diese symmetrisch, brauchen es aber nicht zu sein. Dagegen sind symmetrische Systeme **s t e t s** ausgeglichen. Beispiele siehe unten.

grundsätzlich, nämlich energetisch. Dies ist von größter Wichtigkeit[5]).

Unsymmetrische Drehstromsysteme

Für die weiteren Betrachtungen sei vorläufig ein symmetrisches Spannungssystem vorausgesetzt, was praktisch übrigens in der großen Mehrzahl der Fälle mit genügender Annäherung zutreffen wird, oder mangels besserer Kenntnis angenommen werden muß. Es sei also nur das Stromsystem unsymmetrisch. Ferner soll die Summe der drei Ströme vorläufig in jedem Augenblick Null sein, also $\Sigma i = 0$. Der Fall $\Sigma i \neq 0$ wird im Abschnitt „Das Null-System" behandelt werden.

Ein unsymmetrisches Dreiphasensystem entsteht, wenn entweder die Ströme der drei Einphasensysteme, aus denen es sich zusammensetzt, ungleich groß sind (Größenunsymmetrie), oder die Phasenverschiebungen nicht je 120^0 betragen (Phasen- oder Winkelunsymmetrie), oder schließlich, wenn beide Abweichungen von der Symmetriebedingung gleichzeitig auftreten. Ist die Summe der Ströme Null, oder, mit anderen Worten, bilden die drei Stromvektoren aneinandergereiht ein geschlossenes Dreieck, so sind Größe und Phasenlage der drei Ströme verknüpft durch die Sinusbedingung

$$J_1 : J_2 : J_3 = \sin \varphi_{23} : \sin \varphi_{31} : \sin \varphi_{12} \,. \qquad (11)$$

Unter der Voraussetzung $\Sigma i = 0$ müssen also Größen- und Phasenunsymmetrie stets gleichzeitig auftreten.

Allgemein läßt sich Folgendes aussagen: Treten drei Einphasensysteme — praktisch etwa jedes aus einer Vielzahl der verschiedensten Verbraucher zusammengesetzt — zu einem Drehstromsystem zusammen, so werden Teile dieser Ströme

[5]) Hieraus erklären sich auch sofort die Schwierigkeiten, die sich bei der Umformung von Drei- in Einphasenstrom (oder umgekehrt) ergeben. Vollkommene Ergebnisse lassen sich nur erzielen, wenn die Unterschiede im Leistungsumsatz durch Energiespeicher irgendwelcher Art (rotierende träge Massen, Kondensatoren, Drosselspulen) ausgeglichen werden. Das gleiche gilt für die Umformung Einphasenwechselstrom/Gleichstrom; bei letzterem ist ja der Energieumsatz naturgemäß konstant.

ein symmetrisches System bilden, in dem die Leistungsschwingungen sich ausgleichen, der Energieumsatz also konstant ist. Treten noch symmetrische Drehstromverbraucher hinzu, so ändert sich außer der Größe der Last hieran nichts.

Der Rest wird irgendwie pulsierend Leistung umsetzen, läßt sich also durch ein reines Einphasensystem darstellen.

Man kann daher den Satz aufstellen:

Jedes unsymmetrische Drehstromsystem läßt sich darstellen als die Übereinanderlagerung eines symmetrischen Dreiphasen-

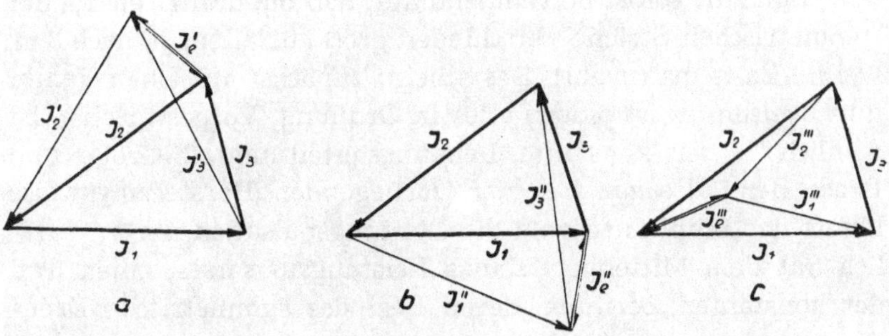

Abb. 3.

Die symmetrischen Drehstromsysteme $J_1\ J_2'\ J_3'$, $J_2\ J_3''\ J_1''$ bzw. $J_3\ J_1'''\ J_2'''$ bilden mit dem Einphasensystem J_e', J_e'' bzw. J_e''' zusammen das unsymmetrische System $J_1\ J_2\ J_3$.

systems und eines reinen Einphasensystems. Abb. 3a zeigt ein Beispiel[6]).

Die Vektoren J_1, J_2 und J_3 seien die Ströme eines unsymmetrischen Drehstromsystems. Sie sind weder gleich noch um 120⁰ gegeneinander verschoben. Sie lassen sich ersetzt denken durch das symmetrische System J_1, J_2' und J_3', also ein System, bei dem die Beträge aller Ströme gleich dem des Stromes J_1 des ursprünglichen Systems sind, und den Strom J_e', der naturge-

[6]) Wenn in Abb. 3 die drei Stromvektoren in Form eines geschlossenen Dreiecks gezeichnet sind ($\Sigma i = 0$), so hat das nichts mit Verkettung, Zugehörigkeit der Ströme zu Dreiecksspannungen usw. zu tun.

mäß in den beiden zugehörigen Leitern in entgegengesetzter Richtung fließt. Fraglos ist $J_1 = J_1$, $J_2' + J_e' = J_2$ und $J_3' + J_e' = J_3$, die Ersatzströme bilden also richtig das vorgelegte System.

Mit demselben Rechte kann man natürlich (Abb. 3b) das symmetrische System aus J_2 als Basis und J_3'' und J_1'' aufbauen. Der zugehörige Einphasenstrom ist J_e''; nimmt man schließlich J_3 als Basis, so ergibt sich Abb. 3c mit

$$J_3,\ J_1''',\ J_2''' \text{ und } J_e'''.$$

Hier fällt sofort befremdend auf, daß die drei Dreiecke der symmetrischen Ströme verschieden groß ausfallen, je nachdem, welche Basis man wählt. Das scheint zunächst auf einen Fehler hinzuweisen; es ist jedoch alles in Ordnung. Vorgeschrieben ist nämlich 1. der konstante Leistungsanteil und 2. Größe und Phase der Pulsation. Bei der vorliegenden Darstellungsweise liefert der Einphasenstrom die Leistungspulsation *und*, nämlich mit dem Mittelwert seines Leistungsumsatzes, einen Teil der konstanten Leistung, deren Rest das symmetrische Drehstromsystem umsetzt. Die Verteilung des konstanten Leistungsanteiles auf Einphasen- und Drehstromsystem steht dabei frei.

Das *Einphasensystem* dagegen fällt in allen drei Fällen, wie die Abb. 3a ... 3c zeigen, genau gleich groß aus. Das muß auch so sein; denn durch den schwingenden Leistungsanteil ist das Einphasensystem genau vorgeschrieben. Hierauf und auf zahlreiche weitere interessante Einzelheiten sei nicht genauer eingegangen. Denn der beschriebenen Zerlegungsmöglichkeit haftet doch eine gewisse Willkür an, die sich in der veränderlichen Größe des symmetrischen Drehstromsystems ausdrückt; aus demselben Grunde ist das Ergebnis nicht besonders übersichtlich, insbesondere läßt sich der Unsymmetriegrad nicht ohne weiteres etwa durch die relative Größe des Einphasensystems ausdrücken.

Besser ist das folgende Verfahren.

Die symmetrischen Komponenten

Es läßt sich folgende Behauptung aufstellen:

Jedes unsymmetrische Drehstromsystem läßt sich darstellen als die Übereinanderlagerung z w e i e r symmetrischer Drehstromsysteme, deren eines die normale Phasenfolge hat, also Phase 2 120^0 n a c h eilend gegen Phase 1 usw. (rechts- oder mitläufiges, direktes oder Mitsystem), während bei dem anderen die Phasenfolge vertauscht ist, also Phase 2 120^0 v o r eilend gegen Phase 1 usw. (links- oder gegenläufiges, inverses oder Gegensystem). Mit dem (zunächst noch symmetrisch gedachten) Spannungssystem setzt das

a) M i t system nur Leistung mit k o n s t a n t e m Betrage, das

b) G e g e n system nur s c h w i n g e n d e Leistung um; der zeitliche Mittelwert des Leistungsumsatzes des Gegensystems ist Null.

Die Behauptung a) ist selbstverständlich. Sie ist nur eine Wiederholung der oben gemachten Feststellung über das symmetrische Drehstromsystem, b) läßt sicht leicht beweisen. Es ist nämlich die Summe der Augenblickswerte der Leistungen der drei Phasen für das Gegensystem offenbar:

$$\begin{aligned} N_t = {} & U_m \sin \omega t \, J_m \sin (\omega t + \varphi) \\ & + U_m \sin (\omega t - 120^0) \, J_m \sin (\omega t + \varphi + 120^0) \\ & + U_m \sin (\omega t - 240^0) \, J_m \sin (\omega t + \varphi + 240^0) \end{aligned} \tag{12}$$

Die Lösung ergibt:

$$N_t = - 3 \cdot U \cdot J \cdot \cos (2 \, \omega t + \varphi), \tag{13}$$

also nur eine Schwingung doppelter Frequenz mit dem zeitlichen Mittelwert Null.

Es muß sich also jedes unsymmetrische System darstellen lassen aus der Übereinanderlagerung eines symmetrischen Mitsystems, das den konstanten, und eines Gegensystems, das den schwingenden Leistungsanteil liefert. Dabei kann sich keine Mehrdeutigkeit ergeben, wie das bei der Darstellung durch Einphasen- und symmetrisches Drehstromsystem der Fall war.

Vielleicht anschaulicher lassen sich die Dinge von einem ganz anderen Gesichtspunkt aus folgendermaßen betrachten:

Für alle elektrischen Maschinen, die symmetrischen Drehstrom erzeugen bzw. verbrauchen (Generator bzw. Motor) gilt, daß sie durch das Zusammenwirken der drei Phasen ein zeitlich konstantes, aber relativ zur Wicklung rotierendes magnetisches Feld, ein D r e h f e l d , aufweisen m ü s s e n. Denn die elektrisch abgegebene bzw. zugeführte Energie ist zeitlich konstant. Die Übertragung der Energie aber vom Läufer zum Ständer bzw. umgekehrt erfolgt n u r magnetisch; infolgedessen muß das magnetische Feld konstant sein[7]).

Dementsprechend sind ja auch die Drehfelder das Kennzeichen der symmetrischen Mehrphasenmaschinen.

Bei Maschinen dagegen, in deren Wicklung einphasiger Wechselstrom fließt, entsteht entsprechend dem Energieumsatz ein (relativ zur Wicklung) r u h e n d e s , z e i t l i c h v e r ä n d e r l i c h e s Feld, ein gewöhnliches W e c h s e l f e l d.

Ein solches Wechselfeld läßt sich nun, wie bekannt und leicht einzusehen, darstellen als die Superposition zweier im entgegengesetzten Sinne umlaufender Drehfelder halber Größe. In Abb. 4 stelle F_1 den Vektor eines mit der Winkelgeschwindigkeit ω rechts, F_2 den Vektor eines mit derselben Geschwindigkeit linksherum umlaufenden Feldes dar; F sei der resultierende Vektor. Es ist ohne weiteres klar, daß dieser seine Rich-

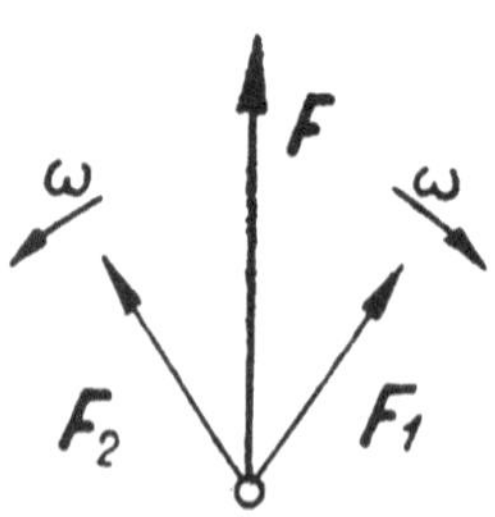

Abb. 4.
Die Drehfeldvektoren F_1 und F_2, die mit der Winkelgeschwindigkeit ω und $-\omega$ rotieren, ergeben das Wechselfeld F, das im Raum ruht und sich mit der Frequenz $f = \frac{1}{2\pi}\,\omega$ sinusförmig ändert.

[7]) Sollten bei der praktisch ausgeführten Maschine Abweichungen von diesem Gesetz auftreten (wie z. B. die bekannte Veränderung der Kurvenform des Feldes bei der Rotation), so sind jedenfalls die zusätzlichen Felder für den Energieumsatz gegenstandlos.

tung im Raum beibehält und seine Größe mit der Frequenz $f = \frac{1}{2\pi}\,\omega$ zwischen $2\,F_1$ $(= 2\,F_2)$ und $-\,2\,F_1$ ändert.

Nachdem das so ist, muß es aber zulässig sein, zu unterstellen, jedes der beiden Drehfelder entstehe durch je ein Drehstromsystem, das rechtläufige Feld durch das Mit-, das gegenläufige durch das Gegensystem. Damit ist die obige Zerlegung wiederum gegeben.

Unsymmetrie des Spannungs- und des Strom- und Spannungssystems

Genau wie oben das Stromsystem, läßt sich sinngemäß auch ein unsymmetrisches Spannungssystem in seine symmetrischen Komponenten zerlegen. Hierüber ist nichts besonderes zu sagen.

Sind beide, Strom- und Spannungssystem, unsymmetrisch, so lassen sich natürlich beide zerlegen; dann gilt offenbar:

Leistung setzen miteinander nur die gleichlaufenden Systeme um; die gegeneinander laufenden Systeme liefern nur Leistungsschwingung.

Es liefern also miteinander:

Spannungs- und Strom m i t system und Spannungs- und Strom g e g e n system	Leistung mit konstantem Betrage,
Spannungs m i t - und Strom g e g e n system und Spannungs g e g e n - und Strom m i t system	Leistungsschwingung.

Die Zerlegung eines gegebenen Systems in seine symmetrischen Komponenten

Dreht man in einem symmetrischen r e c h t läufigen, durch drei Vektoren dargestellten Dreiphasensystem den gegenüber Vektor 2 um 120° v o r eilenden Vektor 1 um 120° r ü c k w ä r t s, den um 120° n a c h eilenden Vektor 3 um 120° v o r w ä r t s, so fallen die drei Vektoren in eine Gerade (Abb. 5), und offenbar ist die Resultierende das dreifache des Einzelvektors, und zwar des Vektors der nicht verdrehten Phase 2.

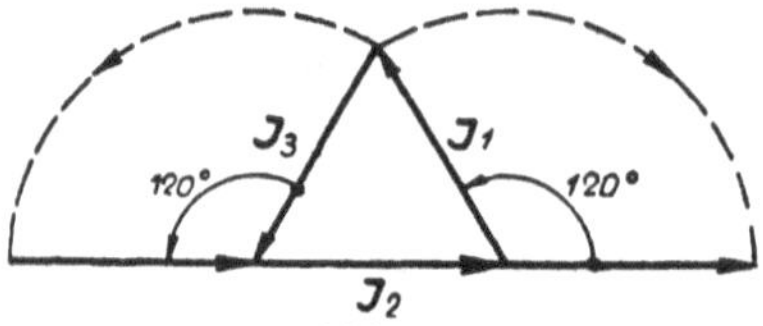

Abb. 5.
Symmetrisches System. Verdrehung des voreilenden Vektors J_1 um -120^0, des nacheilenden J_3 um $+120^0$ ergibt Resultierende vom dreifachen Betrage.

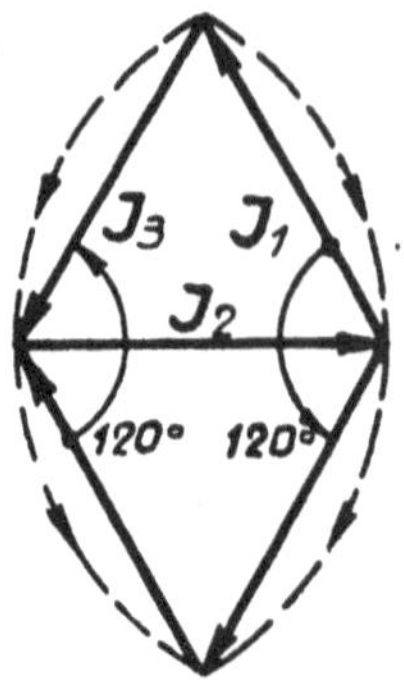

Abb. 6.
Symmetrisches System. Drehung von J_1 um $+120^0$, von J_3 um -120^0 ergibt Resultierende Null.

Dreht man dagegen Vektor 1 um 120^0 v o r wärts, 3 r ü c k - wärts, so entsteht ein geschlossenes Dreieck (entgegengesetzter Phasenfolge) mit der Resultierenden Null (Abb. 6).

Für ein g e g e n läufiges System gilt das Umgekehrte: Die erstgenannte Verdrehung ergibt die Resultierende Null, die zweite das dreifache des Einzelvektors.

Ist, wie in Abb. 7, ein unsymmetrisches, also aus Mit- und Gegensystem zusammengesetztes, Drehstromsystem vorgelegt,

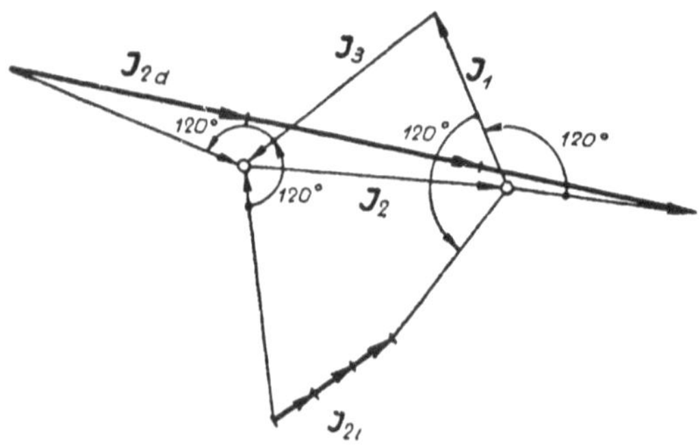

Abb. 7.
Unsymmetrisches System. J_1 um -120^0, J_3 um $+120^0$ gedreht ergibt resultierend das Dreifache des Vektors 2 des Mitsystems, umgekehrte Drehung liefert das Gegensystem.

und dreht man Vektor 1 um 120^0 r ü c k -, 3 um 120^0 v o r wärts, so stellt demnach die Resultierende das Dreifache des Vektors J_{2_d} der Phase 2 des M i t systems dar; die Gegensystemanteile heben sich heraus. Dreht man umgekehrt, so fällt das Mitsystem heraus und die Resultierende ist das Dreifache des Vektors J_{2i} der Phase 2 des *Gegen*systems. Damit ist eine übersichtliche Methode zur Zerlegung vorgelegter Systeme in ihre symmetrischen Komponenten gegeben.

Eine andere Methode ergibt sich folgendermaßen: In Abb. 3a . . . c war gezeigt worden, wie man ein unsymmetrisches Drehstromsystem in ein mitläufiges symmetrisches und ein Einphasensystem zerlegen kann, und zwar ergaben sich drei Möglichkeiten. Man kann noch drei weitere hinzufügen, wenn man nämlich das symmetrische System statt, wie in Abb. 3, umgekehrt bildet; es wird dann, wie Abb. 8 zeigt, gegen- statt mitläufig.

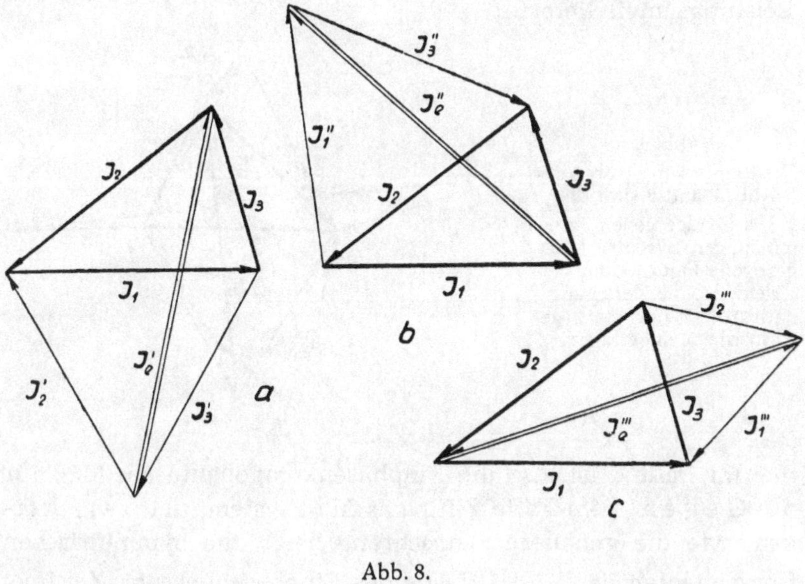

Abb. 8.

Die symmetrischen Drehstromsysteme $J_1\ J_2'\ J_3'$, $J_2\ J_3''\ J_1''$ bzw. $J_3\ J_1'''\ J_2'''$ bilden, wie in Abb. 3, zusammen mit dem Einphasensystem J_e', J_e'' bzw. J_e''' das unsymmetrische System $J_1\ J_2\ J_3$; jedoch sind hier die symmetrischen Systeme umgekehrt gebildet wie in Abb. 3 und infolgedessen gegen- statt mitläufig.

Nun läßt sich aber sicherlich in allen Fällen das Einphasensystem in seine symmetrischen Komponenten zerlegen; dann ergibt sich schließlich

1. für alle Fälle der Abb. 3a . . . c ein resultierendes m i t - läufiges System aus dem ursprünglich gezeichneten rein mitläufigen System plus der mitläufigen Komponente des Einphasensystems; das gegenläufige System ist unmittelbar der gegenläufige Teil des Einphasensystems, das ja allein die pulsierende Leistung liefert.

2. Im Falle der Abb. 8 ist das ursprünglich gezeichnete symmetrische System rein gegenläufig; zusammen mit der gegenläufigen Komponente des Einphasensystems ergibt sich die gesamte gegenläufige Komponente. Die mitläufige ist der mitlaufende Anteil des Einphasensystems, das allein den konstanten Leistungsanteil liefert.

Abb. 9.
Die Einphasenvektoren der Abb. 3 und 8 sind das $\sqrt{3}$-fache des gegen- bzw. mitläufigen Systems. (Ausgezogene Figur.) Zum Vergleich ist die Zerlegung nach Abb. 7 nochmals (gestrichelt) eingetragen.

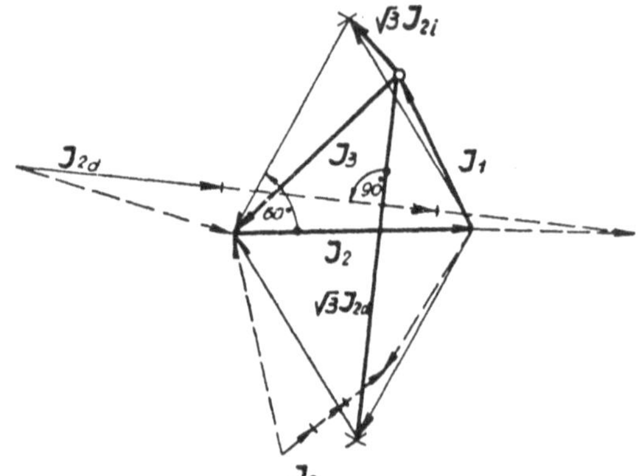

Im Falle 1 ist also die Einphasenkomponente ein Maß für das G e g e n - , im Falle 2 für das M i t system, und zwar werden, wie die genauere Betrachtung zeigt, die symmetrischen Komponenten das $\frac{1}{3}\sqrt{3}$- fache des Einphasenvektors. Zeichnet man also über einer beliebigen Seite des Dreiecks als Basis die beiden symmetrischen Dreiecke, so erhält man sofort das $\frac{1}{3}\sqrt{3}$-fache des Mit- und Gegensystems (Abb. 9), allerdings mit 90^0 Phasenverschiebung gegenüber der Sollrichtung.

Nach alledem ist auch der Unsymmetriegrad eines Drehstrom- (oder -Spannungs-) Systems leicht zu definieren als der Betrag des gegenläufigen Systems bezogen auf das rechtläufige, also als $100 \cdot \frac{J_i}{J_d}$ bzw. $100 \cdot \frac{U_i}{U_d}$ in Prozenten. Er wird zu Null für ein rein symmetrisches Ausgangssystem, zu 100% für ein reines Einphasensystem.

Das Nullsystem

Die Summe der drei Ströme oder Spannungen symmetrischer Systeme ist, ohne Rücksicht auf die Phasenfolge, stets Null. Infolgedessen können mit Hilfe der symmetrischen Komponenten stets nur unsymmetrische Systeme dargestellt werden, auf die dasselbe zutrifft. Deswegen war oben ausdrücklich vorausgesetzt worden, daß die Summe z. B. der drei Ströme in jedem Augenblick Null, also

$$i_1 + i_2 + i_3 = 0 \quad \text{sei.} \tag{14}$$

Dies wird nicht immer zutreffen; für solche Fälle ist also noch eine Ergänzung erforderlich.

Sind die drei Verbraucher (oder die Wicklungen des Erzeugers oder Transformators usw.) im Dreieck zusammengeschaltet (Abb. 10), so gilt für die Ströme in den drei Leitersträngen in jedem Augenblick

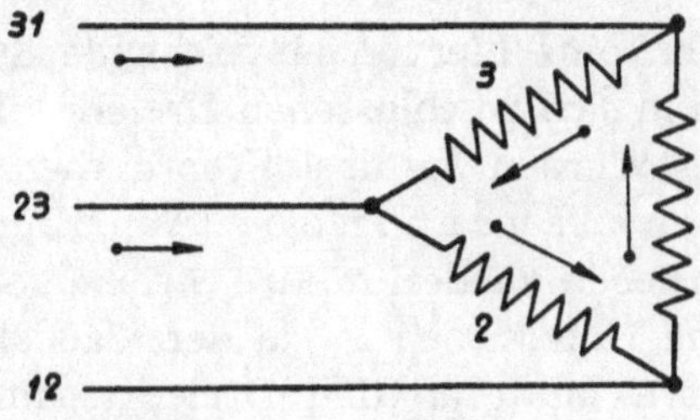

Abb. 10.
Die Summe der drei Leiterströme muß in jedem Augenblicke Null sein, die der drei Verbraucherströme nicht. Ein etwaiger Nullstrom fließt als Kreisstrom in der Dreieckschaltung.

$$i_{12} = i_1 - i_2, \; i_{23} = i_2 - i_3, \; i_{31} = i_3 - i_1. \tag{15}$$

Offenbar unterliegen dabei die Ströme in den Verbrauchern keiner Einschränkung; es kann $i_1 + i_2 + i_3 \neq 0$ sein.

Für die Ströme in den drei speisenden Leitern dagegen gilt

$$i_{12} + i_{23} + i_{31} = i_1 - i_2 + i_2 - i_3 + i_3 - i_1 = 0, \qquad (16)$$

was ja wegen des 2. Kirchhoffschen Gesetzes auch sein muß.

Verbraucherströme (oder Komponenten i_0), die in jedem Augenblick die Bedingung

$$i_{01} - i_{02} = 0,\ i_{02} - i_{03} = 0 \text{ und } i_{03} - i_{01} = 0 \qquad (17)$$

erfüllen, treten überhaupt nicht in die speisenden Leiter über, sondern fließen als Kreisstrom im in sich geschlossenen Dreieck. Sie bilden das „Nullsystem“.

Es besteht, da aus (Gl. 17)

$$i_{01} = i_{02} = i_{03} \quad \text{folgt,} \qquad (18)$$

aus einem, in allen drei Verbrauchern in jedem Augenblick gleich großen, oder mit andern Worten, nach Größe und Phase gleichen Strome J_0. Da

$$i_{01} + i_{02} + i_{03} = 3\,i_0\,, \qquad (19)$$

während für alle übrigen Stromkomponenten $\Sigma i = 0$ ist, läßt sich dieser Strom bzw. diese Stromkomponente leicht finden, wenn man die vektorielle Summe $J_1 + J_2 + J_3$ bildet; es ergibt sich resultierend der Vektor $3\,J_0$. (Abb. 11).

Für die drei Spannungen dagegen gilt bei Dreieckschaltung zwangsläufig:

$$\Sigma u = 0, \qquad (20)$$

denn eine hiervon abweichende Spannungskomponente würde im in sich geschlossenen Dreieck kurzgeschlossen.

Werden die drei Verbraucher im Stern mit Sternpunktsverbinder (Abb. 12) zusammengeschlossen, so unterliegen wiederum ihre Ströme keiner Einschränkung; der einzige Unterschied ist ja der, daß die Verbraucher jetzt an den Stern- statt an den Dreiecksspannungen liegen. Die Ströme in den drei Leitersträngen sind denen der Verbraucher gleich; im Sternpunktsverbinder fließt ein Strom, der sich nach dem Kirchhoffschen Gesetz aus der Summe der drei Verbraucherströme ergibt. Er hat also in jedem Augenblick die Größe

$$i_1 + i_2 + i_3 = 3 \cdot i_0\,, \qquad (21)$$

ist also das Dreifache des Stromes, der in der Dreieckschaltung

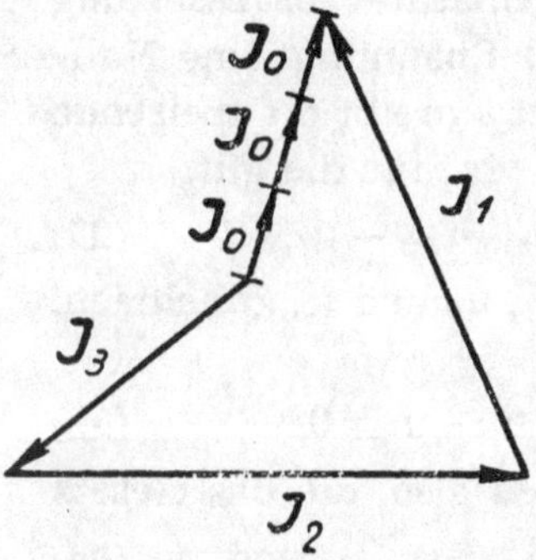

Abb. 11.
Die Summe der drei Ströme ergibt das dreifache des Nullstromes.

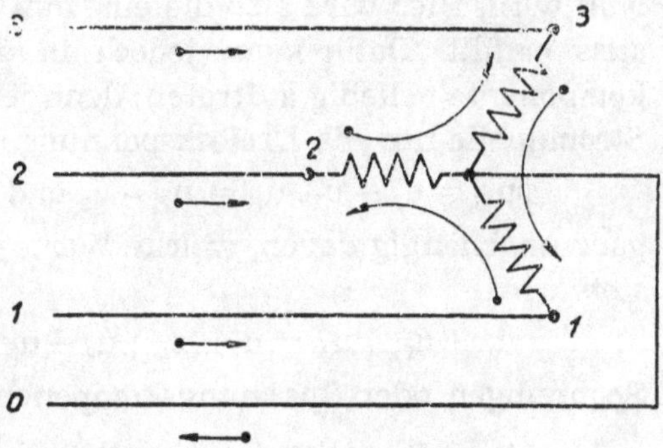

Abb. 12.
Verbraucher- und Leiterströme stimmen überein, ihre Summe braucht nicht Null zu sein. Nullströme fließen über den Sternpunktleiter.

als Kreisstrom auftrat; vektoriell ergibt er sich nach Abb. 11 als die Summe der drei Verbraucherströme.

Eine Nullkomponente in der Spannung kann bei Sternschaltung mit Sternpunktsanschluß nicht auftreten, solange das speisende Spannungssystem symmetrisch ist, da ja die speisende Stromquelle sämtliche Spannungen vorschreibt.

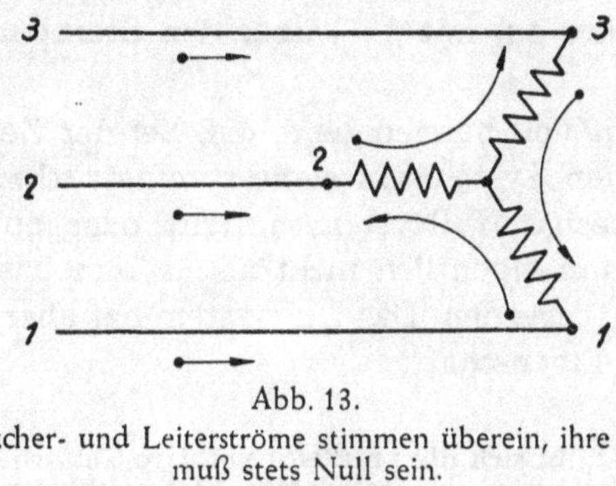

Abb. 13.
Verbraucher- und Leiterströme stimmen überein, ihre Summe muß stets Null sein.

S t e r n s c h a l t u n g o h n e S t e r n p u n k t s v e r b i n d e r (Abb. 13) erzwingt, daß die Summe der drei Ströme zu

Null wird. Hier wird also die eingangs gemachte Voraussetzung stets erfüllt. Dafür kann jedoch in der Spannung eine Nullkomponente beliebig auftreten; denn jetzt schreibt die speisende Stromquelle nur die Dreieckspannungen vor, für die gilt:

$$u_{12} = u_1 - u_2,\; u_{23} = u_2 - u_3 \text{ und } u_{31} = u_3 - u_1; \tag{22}$$

ganz unabhängig davon, welche Werte u_1, u_2 und u_3 annehmen, stets wird

$$u_{12} + u_{23} + u_{31} = u_1 - u_2 + u_2 - u_3 + u_3 - u_1 = 0. \tag{23}$$

Spannungen oder Spannungskomponenten also, die das Gesetz

$$u_{01} - u_{02} = 0,\; u_{02} - u_{03} = 0,\; u_{03} - u_{01} = 0 \quad \text{und} \tag{24}$$

$$u_{01} = u_{02} = u_{03} \tag{25}$$

befolgen, können in den Sternspannungen beliebig auftreten, ohne sich in den Dreieckspannungen bemerkbar zu machen. Es gilt hier für die Spannungen das, was oben bei Dreieckschaltung für die Ströme galt.

Nach dem Gesagten ist das Nullsystem ein reines Einphasensystem, bei Dreieckschaltung ist der Nullstrom ein Strom, der im Dreieck als Kreisstrom fließt und nicht nach außen austritt, bei Sternschaltung mit Sternpunktsverbinder fließen drei Ströme mit dem Betrage J_0 gleichphasig über die drei Leiter, die man sich in dieser Hinsicht parallelgeschaltet denken kann, dem Verbraucher zu, mit 3 J_0 über den Sternpunktsverbinder zurück[8]).

Es ist nicht voll befriedigend, daß bei der Zerlegung eines unsymmetrischen Systems in seine symmetrischen Komponenten das einphasige Nullsystem auftritt oder auftreten kann, denn dieses kann eigentlich nicht als „symmetrische" Komponente bezeichnet werden. Das Nullsystem hat aber eine sehr bemerkenswerte Eigenschaft:

---

[8]) Hieraus ergibt sich die praktisch wichtige Tatsache, daß bei einem Transformator, bei dem eine sekundäre Sternwicklung im Sternpunkt belastet wird, so daß ein Nullsystem auftritt, in einer primären oder tertiären Dreieckwicklung dasselbe Nullsystem (mit umgekehrtem Vorzeichen) als Kreisstrom wiederkehrt und im primären Netz nicht mehr erscheint, also „wegtransformiert" wird.

Enthält nur das Stromsystem (oder umgekehrt, nur das Spannungssystem) eine Nullkomponente, so ist der Leistungsumsatz des Nullsystems in jedem Augenblicke Null.

Dies läßt sich leicht beweisen. Es wird nämlich der Augenblickswert der Leistung:

$$N_{0_t} = J_{m_0} \sin(\omega t + \varphi) \cdot U_m [\sin \omega t + \sin(\omega t + 120^0) + \sin(\omega t + 240^0)] \quad (26)$$

Der ganze Klammerausdruck ist aber Null (im symmetrischen Drehspannungssystem ist die Summe der Spannungen in jedem Augenblicke Null!), also

$$N_{0_t} = 0. \quad (27)$$

Das Nullsystem hat demnach wenig Bedeutung, energetisch ist es überhaupt gegenstandslos und kann infolgedessen bei Leistungsbetrachtungen überhaupt fortgelassen werden.

Hiermit hängt auch eng zusammen, daß das Nullsystem bei Dreieckschaltung auf den Kreis der Verbraucher beschränkt bleibt, nach außen also überhaupt nicht in Erscheinung tritt, bei Sternschaltung jederzeit durch einen Transformator passender Schaltung (sternpunktbelastbare Typen) beseitigt werden kann[9].

Bedenkt man, daß, wie oben festgestellt,

das Mitsystem allein Leistung, und zwar mit konstantem Betrage,

das Gegensystem nur pulsierende Leistung mit dem Mittelwert Null,

das Nullsystem überhaupt keine Leistung, auch nicht im Augenblickswert,

umsetzt[10]), so ergibt sich sofort, daß Eliminierung des Nullsystems am Mit- und Gegensystem nichts ändern kann. Ermittelt man also Mit- und Gegenkomponente zweier Systeme, die sich nur durch ein Nullsystem unterscheiden, so müssen die Ergebnisse übereinstimmen; durch die Schwenkung um ± 120°

[9]) Beispiele hierzu siehe unten.

[10]) Tritt ein Nullsystem in Strom und Spannung gleichzeitig auf, so wird natürlich, wie in einem Einphasensystem, Leistung umgesetzt. Auf diesen praktisch seltenen Fall sei nicht weiter eingegangen.

bilden die drei gleich großen Vektoren des Nullsystems ein geschlossenes Dreieck mit der Resultierenden Null und fallen daher heraus. Abb. 14 bestätigt das. In vielen Fällen wird es zweckmäßig sein, statt eines Systems, für das $\Sigma i \neq 0$ ist, ein gleichwertiges mit $\Sigma i = 0$ zu betrachten, also z. B. statt der Ströme in drei im Dreieck geschalteten Verbrauchern die Ströme in den drei Leitersträngen zu untersuchen oder die Ströme in

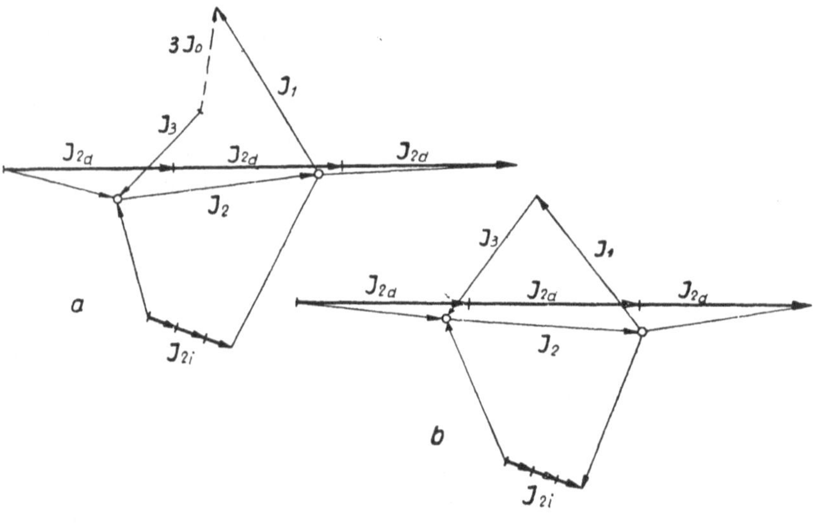

Abb. 14.
Die beiden unsymmetrischen Systeme a und b stimmen überein, jedoch enthält System a ein Nullsystem, b nicht. Mit- und Gegensystem werden in beiden Fällen gleich.

einem Vierleitersystem durch einen (idealen) sternpunktbelastbaren Transformator transformiert zu denken. In beiden Fällen muß das Nullsystem verschwinden, ohne daß sich an Mit- und Gegensystem etwas ändert; denn im ersten Falle müssen die Leiter in jedem Augenblick die Energie zuführen, die im System umgesetzt wird, im zweiten Falle kann der (ideale) Transformator am Augenblickswert des Leistungsumsatzes nichts ändern.

Hierbei ist jedoch zu beachten, daß, wenn eine Dreieckschaltung untersucht wird, die Ströme auf die Dreiecksspannung, bei Betrachtung der Leiterströme dagegen auf die Sternspannung bezogen, im letzteren Falle also $\sqrt{3}$ mal größer als im ersteren sind, und daß zwischen Stern- und Dreieckspannungen eine Phasenverschiebung von 30⁰ besteht. Ebenso liefert ein Transformator je nach seiner Schaltung Phasenverschiebungen zwischen primären und sekundären Spannungen.

Bei einer solchen Phasenschwenkung der Spannung muß der Leistungsumsatz für jeden Augenblick gewahrt bleiben. Beim Strommitsystem, das den konstanten Teil der Leistung liefert, muß demnach die relative Phasenverschiebung zwischen Strom und Spannung erhalten bleiben, es wird also m i t den Spannungen verschoben. Das Gegensystem liefert die Leistungsschwingung; damit deren Augenblickswert erhalten bleibt, muß es g e g e n den Sinn der Phasenschwenkung der Spannungen gedreht werden (siehe Gl. 6). Es wird also der Verdrehungswinkel

$$\varphi_{i_d} = \varphi_u \quad \text{und} \tag{28}$$

$$\varphi_{i_i} = -\varphi_u. \tag{29}$$

Oben wurde gesagt, daß ein symmetrisches System stets ausgeglichen oder balanziert ist, d. h., daß sein Leistungsumsatz stets konstant ist, während ein unsymmetrisches System sowohl konstanten, wie auch inkonstanten Leistungsumsatz aufweisen kann. Da nur das gegenläufige System pulsierend Leistung umsetzt, läßt sich sofort angeben, daß ein unsymmetrisches, aber ausgeglichenes System stets n u r aus einem Mit- und einem Nullsystem bestehen kann. Nach Beseitigung des Nullsystems muß also das symmetrische Mitsystem allein übrigbleiben.

Winkel- und Größenunsymmetrie

Systeme, die nur hinsichtlich der Phase der Ströme (oder Spannungen), nicht aber der Größe unsymmetrisch sind, bieten nicht allzuviel besonderes. Das Nullsystem ist übrigens ein Beispiel.

Wichtiger ist der umgekehrte Fall, nämlich der der winkelsymmetrischen, jedoch größenunsymmetrischen Systeme. Sie treten z. B. immer dann auf, wenn die Verbraucher, wie etwa Ohmsche Widerstände, Ströme gleicher Phasenlage, aber verschiedener Größe aufnehmen, was praktisch häufig vorkommen wird. Ferner läßt sich jedes allgemein unsymmetrische System in zwei winkelsymmetrische zerlegen, wenn die Ströme in Wirk- und Blindkomponenten aufgespalten werden. Da die Ströme oft in dieser Form gegeben sind, ist ein solches Vorgehen naheliegend.

Wegen der Sinusbedingung (11) muß ein winkelsymmetrisches, jedoch größenunsymmetrisches System stets ein Nullsystem enthalten, was auch die Anschauung ohne weiteres zeigt.

Abb. 15 gibt die Zerlegung eines solchen Systems in Mit-, Gegen- und Nullsystem. Die Figur zeigt sofort, daß im winkelsymmetrischen System der Betrag des Mitsystems einfach gleich dem Mittelwert der Beträge der drei Ströme wird,

$$J_d = \frac{1}{3}(J_1 + J_2 + J_3); \tag{30}$$

ferner werden Null- und Gegensystem offenbar spiegelbildlich gleich, und zwar gilt für die Beträge, wie eine elementare Rechnung ergibt,

$$J_i = J_0 = \frac{1}{3}\sqrt{\frac{1}{2}[(J_1 - J_2)^2 + (J_2 - J_3)^2 + (J_3 - J_1)^2]}. \tag{31}$$

Denkt man sich ein größenunsymmetrisches, jedoch winkelsymmetrisches System aus einem symmetrischen mit drei Strömen gleichen Betrages J dadurch entstanden, daß ein Strom um ΔJ vergrößert, der zweite um den gleichen Betrag verkleinert wird, während der dritte unverändert bleibt, so bleibt der Mittelwert des Leistungsumsatzes unverändert und es wird

$$J_d = J \qquad \text{unabhängig von } \Delta J \tag{32}$$

und

$$J_i = J_0 = \frac{1}{3}\sqrt{3} \cdot \Delta J. \tag{33}$$

Entsteht das unsymmetrische System dadurch, daß von den drei gleichgroßen Strömen J zwei um $\Delta J'$ verkleinert, der dritte um $2 \cdot \Delta J'$ vergrößert wird (oder umgekehrt), so bleibt

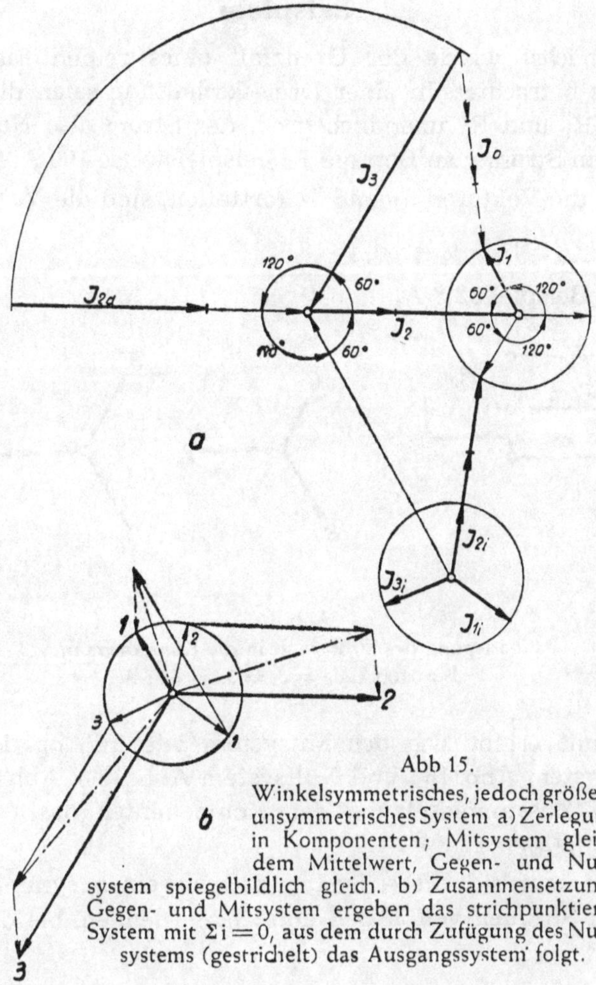

Abb 15.
Winkelsymmetrisches, jedoch größenunsymmetrisches System a) Zerlegung in Komponenten; Mitsystem gleich dem Mittelwert, Gegen- und Nullsystem spiegelbildlich gleich. b) Zusammensetzung: Gegen- und Mitsystem ergeben das strichpunktierte System mit $\Sigma i = 0$, aus dem durch Zufügung des Nullsystems (gestrichelt) das Ausgangssystem folgt.

wiederum der mittlere Leistungsumsatz unverändert und es wird

$$J_d = J \quad \text{und} \quad (34)$$

$$J_i = J_o = \Delta J'. \quad (35)$$

Die Formeln 33) und 35) sind oft bequem, um den Unsymmetriegrad eines vorgelegten Systems ungefähr abzuschätzen.

Beispiele

Zunächst werde der Grenzfall eines reinen Einphasensystems betrachtet. In einer Dreieckschaltung seien die Widerstände R_1 und R_3 unendlich groß, der Strom also Null, in R_2 fließe ein Strom vom Betrage J_2, beispielsweise 100 A. (Abb. 16).

Da die Vektoren J_1 und J_3 fortfallen, sind die Vektoren

$$J_{2d} = J_{2i} = J_0 = \frac{1}{3} J_2 ,$$

also im Beispiel 33,3 A.

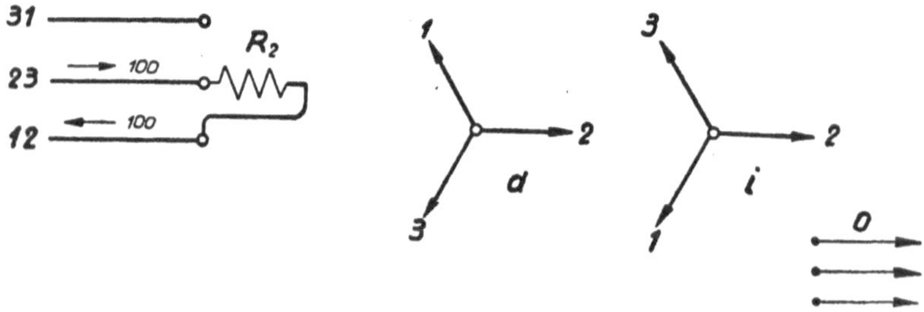

Abb. 16.
Zerlegung des Stromes J_2 in die Komponenten:
$J_2 = 100\,A,\ J_d = J_i = J_0 = 33{,}3\,A.$

Damit ergibt sich das Mitsystem wie in Abb. 16 d, das Gegensystem Abb. 16 i und Nullsystem Abb. 16 0. Abb. 17 zeigt, wie die Zusammensetzung der Komponenten das Ausgangssystem liefert.

Man kann sich dieses System auch aus einem symmetrischen mit drei Strömen von 33,3 A entstanden denken, bei dem zwei

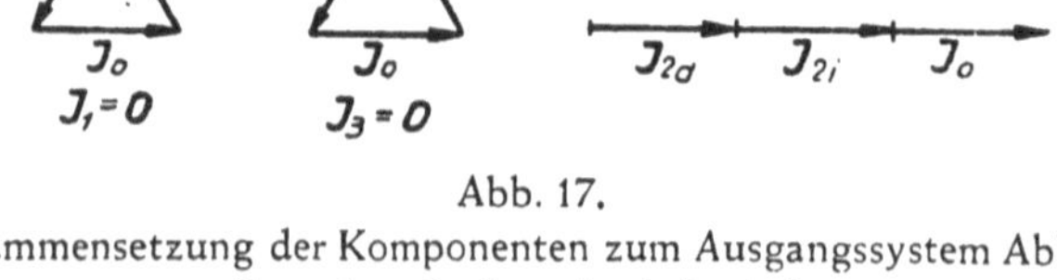

Abb. 17.
Zusammensetzung der Komponenten zum Ausgangssystem Abb. 16.
$J_1 = J_3 = 0,\ J_2 = J_{2d} + J_{2i} + J_0 .$

Ströme um $\Delta J' = 33{,}3$ A verkleinert, einer um $2 \cdot \Delta J' = 66{,}7$ A vergrößert worden ist. Aus Gl. 34) und 35) ergibt sich dann wie oben

$$J_d = J_i = J_0 = 33{,}3 \text{ A}.$$

Statt des Stromes in R_2 kann man die Ströme in den zugehörigen Leitersträngen J_{12} und J_{23} betrachten. Sie betragen $\pm$ 100 A; wie Abb. 18 und 19 zeigt, wird

$$J_0 = 0,\ J_d = J_i = 57{,}8 = \sqrt{3} \cdot 33{,}3 \text{ A},$$

Abb. 18.
Zerlegung des Systems aus J_{12} und J_{23} (je 100 A) und $J_{31} = 0$ in seine Komponenten. d Mit-, i Gegensystem (je 57,8 A).

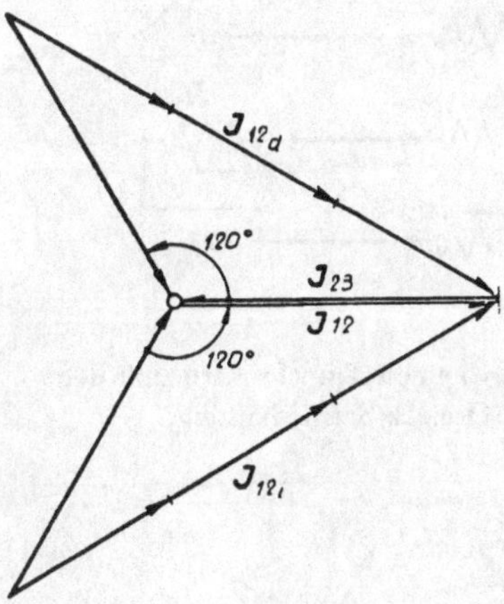

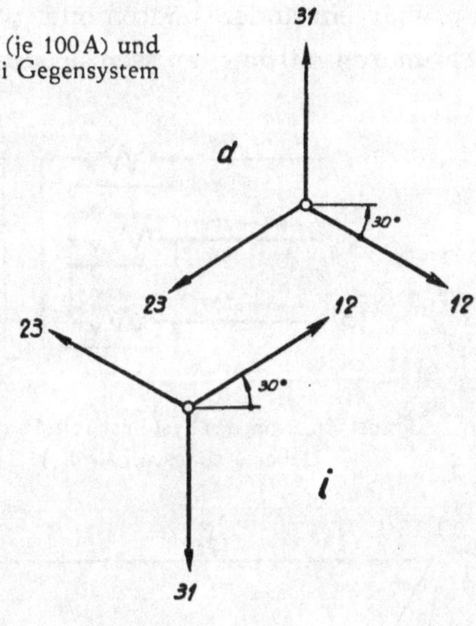

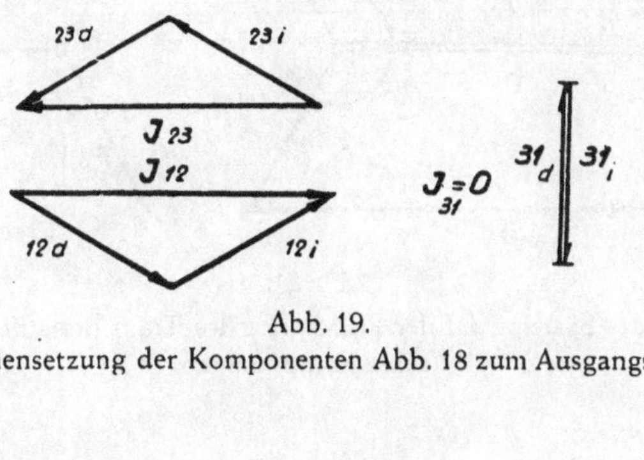

Abb. 19.
Zusammensetzung der Komponenten Abb. 18 zum Ausgangssystem.

also das $\sqrt{3}$fache der Ströme in Abb. 16, da die Sternspannung der $\sqrt{3}$. Teil der Phasenspannung ist. Wegen der Phasenverschiebung von 30⁰ zwischen den Spannungssystemen sind die Ströme entsprechend Gleichung 28) und 29) versetzt gegenüber Abb. 16.

Transformiert man dieses System durch einen Transformator in Dreieck/Sternschaltung mit dem Übersetzungsverhältnis 1 : 1 (also dem Windungszahlenverhältnis $\sqrt{3}$: 1), so ergibt sich primär ein anderes Strombild, wie Abb. 20 erkennen läßt. Die primären Ströme müssen jedoch den sekundären energetisch

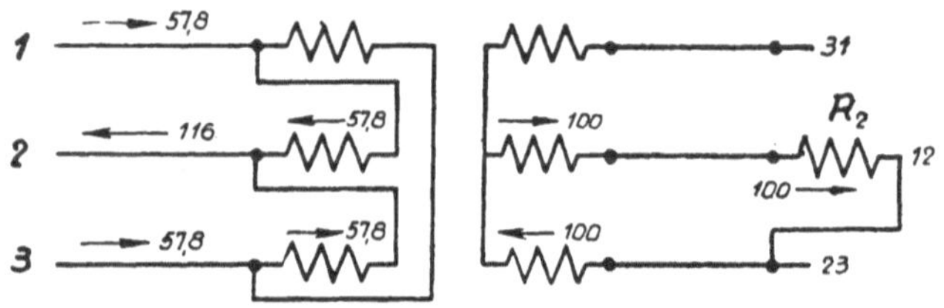

Abb. 20.
Transformation des Systems Abb. 16 durch einen Transformator mit dem Uebersetzungsverhältnis 1 : 1 in Dreieck/Sternschaltung.

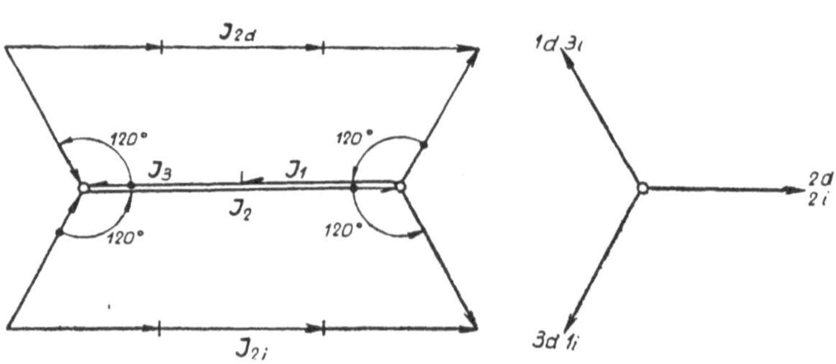

Abb. 21.
Zerlegung des Systems auf der Primärseite des Transformators in Abb. 20 in seine Komponenten.

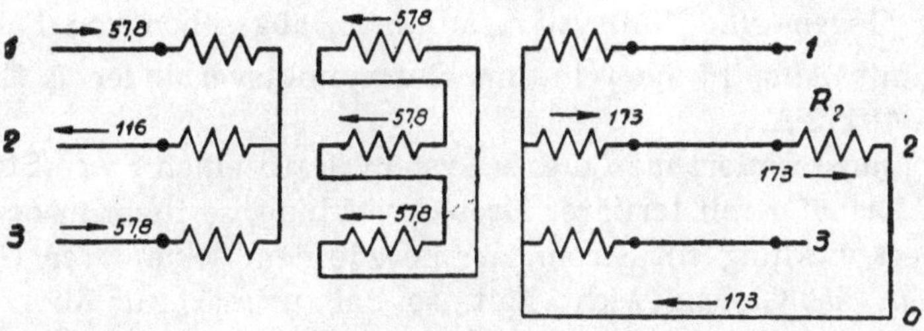

Abb. 22.

Sternspannung U_2 durch R_2 belastet. $J_2 = 173$ A. Zerlegung in die Komponenten liefert dasselbe Ergebnis wie in Abb. 16, wenn die Beträge dort mit $\sqrt{3}$ multipliziert werden. Ein Transformator in Stern/Dreieck/Sternschaltung liefert ein primäres System, das mit dem sekundären, abgesehen vom fehlenden Nullsystem, und dem auf der Primärseite des Transformators in Abb. 20 übereinstimmt. Die Komponenten zeigt Abb. 21. Das Nullsystem findet sich als Kreisstrom in der Dreieckwicklung.

gleichwertig sein; die Zerlegung in die symmetrischen Komponenten (Abb. 21) bestätigt das[11]).

Entartet eine Sternschaltung statt der betrachteten Dreieckschaltung durch Verschwinden zweier Leitfähigkeiten so, daß nur ein Verbraucher übrigbleibt, so ist natürlich ein Strom nur bei Vorhandensein eines Nulleiters möglich (Abb. 22). Soll jetzt der Leistungsumsatz bei unveränderten Spannungen derselbe bleiben wie im vorigen Beispiel, so muß der Strom das $\sqrt{3}$fache, also 173 A betragen.

Es wird

$$J_d = J_i = J_o = \frac{1}{3} \cdot 173 = 57{,}8\,\text{A} = \sqrt{3} \cdot 33{,}3\,\text{A}.$$

[11]) Die Schaltung ist so gewählt, daß die beim Übergang von den Stern- zu den Dreieckspannungen auftretende Phasenschwenkung von 30° durch den Transformator wieder rückgängig gemacht wird. Infolgedessen stimmt die Lage des Mit- und Gegensystems in Abb. 21 und Abb. 16 überein; die Beträge der Ströme sind in Abb. 21 $\sqrt{3}$mal größer als in Abb. 16, wo die Ströme auf die Dreieckspannung bezogen sind.

Nebenher sei bemerkt, daß die vielfach zu hörende Ansicht, die primäre Stromverteilung in Abb. 20 sei günstiger als die sekundäre, da doch „der Strom immerhin, wenn auch nicht gleichmäßig, auf alle drei Leiter verteilt werde“, irrig ist. Der Unsymmetriegrad ist in beiden Fällen gleich groß, nämlich 100%. Dasselbe gilt z. B. für die Kupferverluste im Leitungswiderstand usw.

Mit-, Gegen- und Nullsystem stimmen, abgesehen von Faktor $\sqrt{3}$, mit Abb. 16 überein; im Sternpunktsverbinder 0 fließt $3 \cdot J_0 = 173$ A.

Transformiert man dieses System durch einen Stern/Sterntransformator mit tertiärer Dreieckwicklung, so fließt in dessen Dreieckwicklung ein Strom, der gerade dem sekundären Nullsystem das Gleichgewicht hält, so daß primär nur Mit- und Gegensystem, beide unverändert, erscheinen. Die primären Ströme stimmen mit denen der Abb. 20 und 21 überein.

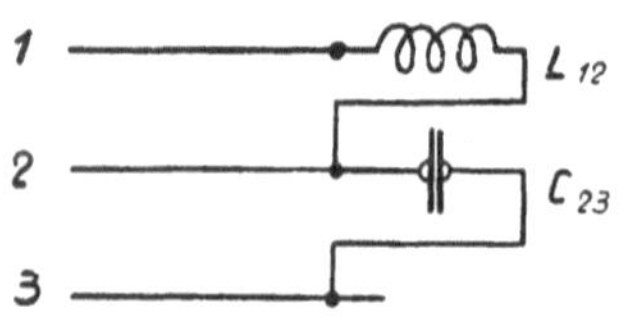

Abb. 23.
Dreieckspannung U_{12} rein induktiv, U_{23} rein kapazitiv belastet.

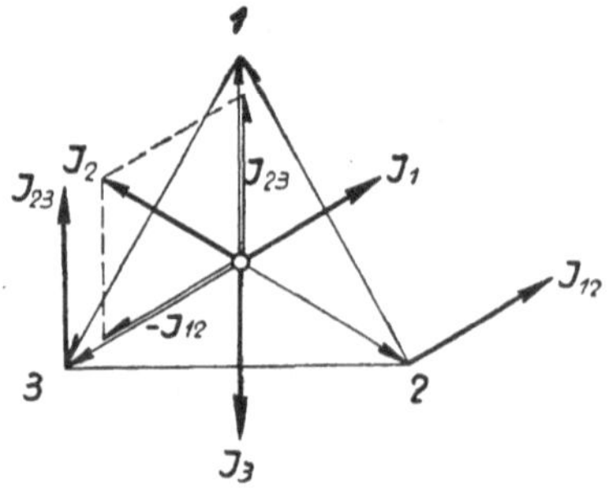

Abb. 24.
Die Ströme J_1, J_3, J_2 in den drei Leitersträngen der Abb. 23 sind symmetrisch bei verkehrter Phasenfolge, bilden also ein reines Gegensystem.

Bei den betrachteten Beispielen war — wie bei allen rein einphasigen Lasten — Mit- und Gegensystem gleich und damit der Unsymmetriegrad 100%. Er kann jedoch ausnahmsweise noch größer werden; im Grenzfall ist es denkbar, daß zwei einphasige Lasten so zusammentreffen, daß die Mitsysteme sich gerade gegenseitig aufheben; dann bleibt resultierend nur ein Gegensystem übrig, und der Unsymmetriegrad wird

$$\frac{J_i}{J_d} = \frac{J_i}{0} = \infty.$$

Abb. 23 zeigt ein Beispiel:

Es sei die Dreieckspannung U_{12} rein induktiv, U_{23} rein kapazitiv mit gleichem Strom belastet.

Ermittelt man die Ströme in den drei Leitersträngen (Abb. 24), so ergeben sich drei gleiche Ströme, aber mit verkehrter Phasenfolge, also ein reines Gegensystem. Der physikalische Grund ist leicht einzusehen: Wirkleistung wird, da beide Verbraucher Strom mit cos $\varphi = 0$ aufnehmen, überhaupt nicht umgesetzt, die Blindleistungen sind induktiv und kapazitiv gleich groß und heben sich auf; zur Deckung der verbleibenden schwingenden Leistung ist das Gegensystem nötig.

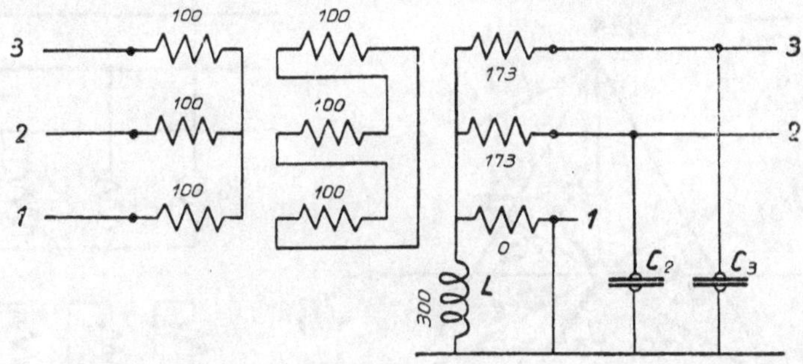

Abb. 25.

Dreieckspannungen U_{12} und U_{31} durch C_2 und C_3 mit je 173, Sternspannung U_1 durch L mit 300 A belastet. (Netz mit Erdschlußspule im Erdschluß.) Auf der Primärseite des Transformators erscheinen in jedem Leiter 100 A.

Das Beispiel ist bemerkenswert, indem es zeigt, daß die Überwachung der Symmetrie durch drei Strommesser in den drei Leitern sehr irreführend werden kann: im vorliegenden Falle fließen drei gleich große Ströme, was Symmetrie vortäuscht, während in Wirklichkeit die krasseste überhaupt denkbare Unsymmetrie vorliegt.

Abb. 25 zeigt ein Drehstromsystem, bei dem die Dreieckspannungen U_{12} und U_{31} durch Kapazitäten, die Sternspannung U_1 durch eine Induktivität belastet ist. Jede der Kapazitäten möge den Strom 173 A, die Induktivität 300 A führen. Es ergibt sich in den Leitern 2 und 3 ein Strom von 173 A, im Leiter 1 überlagern sich induktiver und kapazitiver Strom zum Betrage Null[12]).

Werden diese Ströme durch einen Transformator in Stern/Sternschaltung mit tertiärer Dreieckwicklung (oder allgemein einen Transformator beliebiger, jedoch im Sternpunkt belastbarer Schaltung) transformiert, so erscheint primär ein rein symmetrisches System. Abb. 26 zeigt das Vektorbild. Das sekundäre System ist zwar unsymmetrisch, jedoch ausgeglichen; es

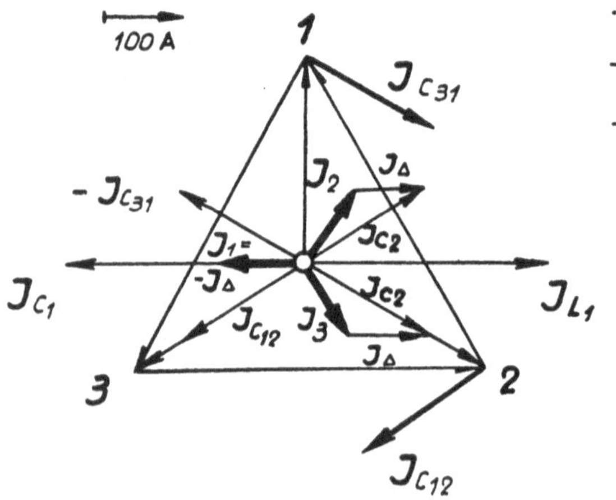

Abb. 26.
Die Ströme $J_{C_{12}}$ und $J_{C_{31}}$ (Abb. 25) fließen mit je 173 A in den Leitern 2 und 3, mit $\sqrt{3} \cdot 173 =$ 300 A im Leiter 1, in dem mit $J_L = 300$ A der Strom Null resultiert. In der Dreieckwicklung fließt, das Nullsystem ausgleichend, $J_\triangle$ mit 100 A, sodaß primär ein symmetrisches System mit 100 A kapazitiv verbleibt.

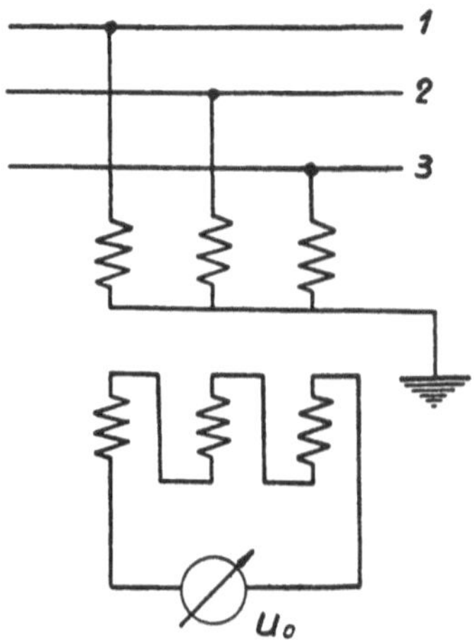

Abb. 27.
Das Meßgerät zeigt die Summe der drei Sternspannungen, hier der Spannungen gegen Erde. (Erdschlußkontrollschaltung.)

[12]) Die Schaltung stellt ein Drehstromnetz mit den Erdkapazitäten C_2 und C_3 bei Erdschluß in Phase 1 und Kompensation des Erdschlußstromes durch die Erdschlußspule L bei Vernachlässigung aller Verluste und der Leitungsinduktivitäten dar. Die Erdschlußspule bringt die durch den Erdschluß hervorgerufene Unsymmetrie zum Verschwinden; das symmetrische System ist dem der Ladeströme des normalen symmetrischen Betriebes ohne Erdschluß gleich.

besteht deswegen nur aus Mit- und Nullsystem. Das Nullsystem wird durch den Transformator beseitigt, so daß ein rein symmetrisches System mit dem Strom 100 A übrigbleibt.

Dies Beispiel zeigt wieder, daß eine Messung der drei Ströme zu Trugschlüssen über die Art der Belastung führen kann — hier im umgekehrten Sinne wie im vorigen Falle.

Die Messung der Komponenten

Die Messung des Nullsystems hat in manchen besonderen Fällen praktisches Interesse.

Die Dreieckspannungen im Drehstromnetz können überhaupt keine Nullkomponente enthalten. Eine Nullkomponente in den Sternspannungen, wie sie z. B. bei Unsymmetrien irgendwelcher Art, etwa infolge eines Erdschlusses, auftreten kann, ist leicht zu bestimmen, da man ja nur die Summe der drei Spannungen z. B. durch Reihenschaltung („offene Dreieckschaltung") der drei Sekundärwicklungen der Spannungswandler zu ermitteln braucht. Abb. 27 zeigt die entsprechende Anordnung; sie wird vielfach zur Erdschlußüberwachung angewendet.

Nullkomponenten im Strom können (abgesehen von der Nullkomponente in der Dreieckschaltung selbst) nur bei Vorhandensein eines Nulleiters auftreten, so daß es zu ihrer Bestimmung nur nötig ist, den Strom in diesem zu messen. Ist der Nulleiter der Messung nicht zugänglich, was z. B. dann vorkommen kann, wenn im Fehlerfalle etwa Konstruktionsteile einer Maschine oder die Erde seine Rolle übernehmen, so ermittelt man nach Abb. 28 die Stromsumme. Öfter wird hierfür ein einziger Wandler verwendet, der primär von der Summe der drei Ströme gespeist wird, besonders, wenn bei größeren Strömen nur eine einzige Windung erforderlich ist, so daß man nur etwa die drei den Strom führenden Kabel durch den Eisenkern hindurchzustecken braucht (Abb. 29). Anordnungen dieser Art werden häufig für den Fehlerschutz von Generatoren angewendet; es ist von vornherein klar, daß einFehler im Generator vorliegen muß, wenn die Summe der drei Ströme in den drei Wicklungen vom Betrage Null abweicht. Dieses umfangreiche Gebiet kann hier nur gestreift werden.

Am wichtigsten ist meist die Bestimmung der gegenläufigen Komponente. Wie oben an Beispielen gezeigt worden ist, genügt es keineswegs, einfach die drei Ströme zu messen; diese können gleich groß sein, obwohl grobe Unsymmetrien und entsprechende gegenläufige Komponenten vorhanden sind. Im Grenzfalle können die drei gleichen Ströme nur aus einem gegenläufigen System bestehen (Abb. 24).

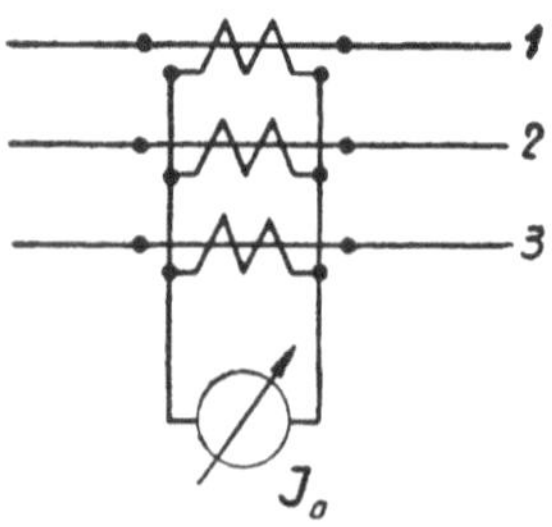

Abb. 28.
Das Meßgerät zeigt die Summe der drei Ströme, also das Stromnullsystem.

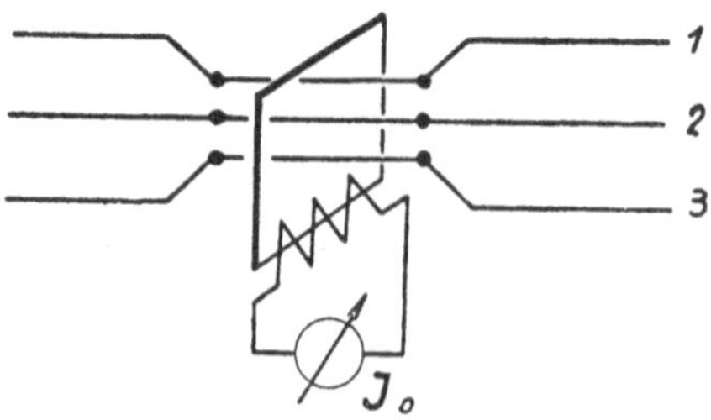

Abb. 29.
Auf den Durchsteckwandler wirkt die Summe der drei Ströme. Das Meßgerät zeigt das Stromnullsystem.

Abb. 9 zeigt, wie man vorgehen kann: Zur Bestimmung von J_{2_i} braucht man nur zum Vektor J_3 den um 60^0 in voreilendem Sinne geschwenkten Vektor J_2 zu addieren, um $\sqrt{3} \cdot J_{2_i}$ zu erhalten. Ebenso kann man zu J_1 den um 60^0 in nacheilendem Sinne geschwenkten Strom J_2 addieren usw. Die dritte Seite des Dreiecks ist (wenn nicht etwa ein Nullsystem vorhanden ist) nicht erforderlich, da zwei Seiten bei definiertem Winkel alles festlegen.

Allgemein ausgedrückt, ist zu einem Vektor der ihm gegenüber voreilende um 60^0 voreilend gedreht zu addieren, oder der nacheilende nacheilend zu drehen und gleichfalls zu addieren.

Um diese Vorschrift praktisch auszuführen, kann man bei Strömen z. B. folgendermaßen vorgehen (Abb. 30): Der Strom J_3, durch einen Stromwandler abgebildet, durchfließt einen an dessen Klemmen die Spannung R_3, Widerstand U_{i3} erscheint. Der Strom J_2 erzeugt am Widerstand Z_{i2} eine Spannung U_{i2}, die, wenn Z_{i2} aus R_{i2} und X_{i2} im Verhältnis $R_{i2} : X_{i2} = 1 : \sqrt{3}$ besteht, 60^0 voreilende Phasenverschiebung gegen J_2 aufweist. Die Spannungen werden durch Reihenschaltung addiert; die Summe treibt einen Strom J_1 durch das Meßgerät, der offenbar die gegenläufige Komponente angibt.

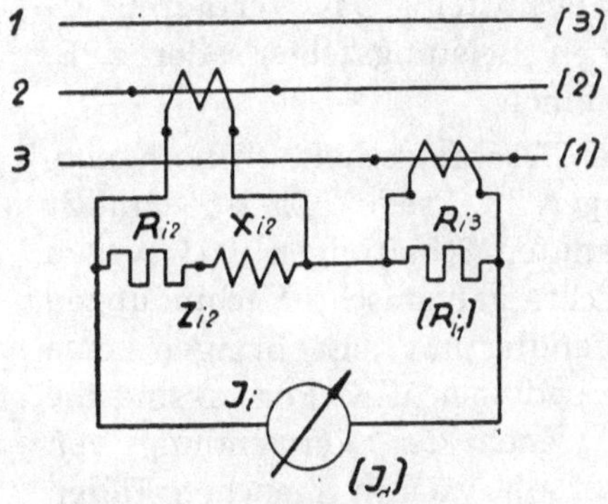

Abb. 30.

Der Strom J_2 erzeugt an Z_{i2} eine 60^0 voreilende, J_3 an R_{i3} eine nicht phasenverschobene Spannung. Die Summe beider Spannungen liefert im Meßgerät einen J_i proportionalen Strom. Vertauschung der Phasenfolge (in Klammern) liefert J_d statt J_i.

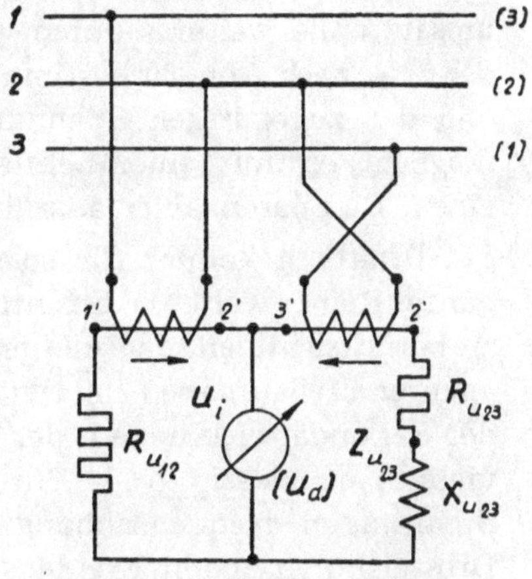

Abb. 31.

Durch R_{u12} fließt ein U_{12} proportionaler, durch Z_{u23} ein gegen U_{23} 60^0 nacheilender Strom. Die Summe beider Ströme, vom Meßgerät angezeigt, ist U_i proportional. Vertauschung der Phasenfolge liefert U_d statt U_i.

Handelt es sich um Spannungsmessungen, so kann man genau analog vorgehen (Abb. 31):

Die Spannung U_{12} z. B. schickt einen Strom über einen ohmschen Widerstand R_{u12}, U_{23} einen Strom über eine Impedanz Z_{u23}, aus R_{u23} und $X_{u23} = \sqrt{3} \cdot R_{u23}$ bestehend. Die Summe (nicht die Differenz!) der beiden Ströme speist das Meßgerät, das die gegenläufige Komponente U_i anzeigt.

Vertauscht man die Phasenfolge (in Klammern angedeutet), so wird, statt des Gegen-, das Mitsystem gemessen.

Die Leistung oder Arbeit im Drehstromsystem kann nach dem oben Gesagten u. U. recht einfach ermittelt werden:

Ist das Spannungssystem mit genügender Näherung (praktisch wird es oft zutreffen) symmetrisch, d. h. das Spannungsgegensystem vernachlässigbar klein, so setzt (im Mittel) nur das Strommitsystem Leistung um. Dann läßt sich der Leistungsumsatz ohne weiteres durch wattmetrische Messung aus einem der z. B. nach Abb. 30 bestimmten Ströme des Strommitsystems und der zugehörigen Spannung ermitteln. Das Verfahren ermöglicht es, mit einem einfachen Leistungszeiger oder z. B. einem Einphasenzähler auszukommen.

Praktisch kommt für solche „Drehfeldscheider" noch eine ganze Reihe weiterer Schaltungen in Frage. Es ist nämlich zu berücksichtigen, daß die genannten Schaltungen u. U. wegen anderer Meßaufgaben unerwünschte galvanische Verbindungen der Sekundärwicklungen der Wandler mit sich bringen, eine vielfach unzulässig große Bürde bedingen usw. Ferner sind die Schaltungen frequenzabhängig wegen der Verwendung von Drosselspulen (oder Kondensatoren), was in manchen Fällen stört. Schließlich gibt es Fälle, in denen nicht nur die Größe, sondern auch die Phase der Stromkomponente ermittelt werden soll. Zu allen diesen Einzelheiten muß auf die Literatur verwiesen werden.

Die Symmetrierung unsymmetrischer Belastungen

Unsymmetrische Belastungen sind im praktischen Drehstromversorgungsnetz äußerst unerwünscht. Einmal liefern die gegenläufigen Stromkomponenten gegenläufige Felder in den Generatoren, was die Dämpferkäfige belastet und zu zusätzlichen Verlusten und damit auch zusätzlicher, u. U. unzulässiger Erwärmung der Maschinen, bei fehlendem oder unvollkommenem Dämpferkäfig zur Ausbildung von Oberwellen gerader

Ordnungszahl im Läufer-, ungerader im Ständerkreis führt. Außerdem ist der Übertragungsverlust größer als bei symmetrischer Belastung gleicher Größe, was sich ohne weiteres daraus ergibt, daß nur das Mitsystem Energie (im Mittelwert) umsetzt, während das Gegensystem nur Leistungsschwingungen liefert, trotzdem aber Verlustwärme in Transformatoren, Leitungen usw. erzeugt. Schließlich entstehen durch unsymmetrische Belastungen Unsymmetrien der Spannungsabfälle und damit der Verbraucherspannungen selbst. Auch dies ist äußerst unerwünscht; die Spannungen sind nicht mehr gleich groß, was auch durch Regelmaßnahmen, die die drei Spannungen gleichmäßig beeinflussen, nicht ausgeglichen werden kann, und in (synchronen und asynchronen) Motoren ergeben sich, wie in den Generatoren, gegenläufige Drehfelder.

Für die große Menge der Kleinverbraucher, die weniger aus prinzipiellen Gründen, sondern mehr um der Einfachheit willen einphasig ausgeführt werden, spielt das kaum eine Rolle. Glühlampen, Haushaltgeräte usw. werden zwischen zwei Leitern angeschlossen und auf die drei Phasen des Netzes verteilt; praktisch kann man damit rechnen, daß diese in großer Zahl auftretenden Verbraucher sich gegenseitig zur annähernden Symmetrie ergänzen. Je kleiner die Zahl und je größer die Einzelleistung solcher Verbraucher ist, um so unvollkommener wird dieser Ausgleich und um so nachteiliger wird die Rückwirkung auf das speisende Netz. Viele Stromversorgungsbetriebe haben daher eine obere Leistungsgrenze für den Anschluß einphasiger Verbraucher festgesetzt.

Nun gibt es aber eine ganze Reihe von Verbrauchern größerer Leistung, die ihrem Wesen nach nur einphasig ausgeführt werden können, wie z. B. Lichtbogenschweißtransformatoren, Stumpf- und Punktschweißmaschinen, Graphitierungsöfen und viele andere mehr. Diese Verbraucher werden zudem häufig nur einzeln verwendet, so daß der gegenseitige Ausgleich nicht auftritt. Es entsteht daher die Frage, wie der Ausgleich der Unsymmetrie möglich ist.

Die Möglichkeit, den Verbraucher durch zwei weitere gleiche Anordnungen zu einem regelrechten Drehstromsystem zu ergänzen, scheidet in den meisten Fällen schon wegen des Energieaufwandes aus. Bei Verwendung eines Transformators, der das Drehstromsystem in ein Zweiphasensystem umformt (wie z. B. der Scott-Transformator, der einen Sonderfall der weiter unten behandelten Symmetrierungsmöglichkeit mittels einer Hilfsspannung darstellt), könnte man mit e i n e m zusätzlichen Verbraucher auskommen. Auch das würde immer noch Verdoppelung des Energieaufwandes mit sich bringen.

Eine genauere Betrachtung zeigt, daß es möglich ist, den Ausgleich der Unsymmetrie (im folgenden kurz „Ausgleich“ oder „Symmetrierung“ genannt) auf einfachem Wege, ohne Ergänzung zu einem vollständigen Drehstromsystem und ohne zusätzlichen Energieaufwand (abgesehen von Verlusten) zu erzielen.

Wie eingangs gesagt, gilt das Gesetz, daß im symmetrischen Drehstromsystem (wie allgemein in jedem symmetrischen Mehrphasensystem) der Leistungsumsatz konstant ist, während er im Einphasensystem nach einem Sinusgesetz doppelter Frequenz mit der Amplitude U · J schwingt, und zwar beispielsweise bei $\cos \varphi = 1$ zwischen Null und dem doppelten des gewöhnlich kurz als Leistung oder Wirkleistung bezeichneten Mittelwertes. Es ist also grundsätzlich nur nötig, der Leistungsschwingung, die der Einphasenverbraucher hervorruft, eine im jeden Augenblick entgegengesetzt gleiche Leistungsschwingung gegenüberzustellen, um Konstanz des Energieumsatzes zu erreichen.

Da nur eine Leistungs s c h w i n g u n g erforderlich ist, muß hierfür ein Blindverbraucher (induktiver oder kapazitiver Art) genügen. Die Symmetrierungsbedingung ist erfüllt, wenn die beiden Leistungsschwingungen gleich groß sind und in Phasenopposition zueinander stehen.

Daß dies tatsächlich möglich ist, zeigt Abb. 32. Es sei die Dreieckspannung U_{12} belastet durch einen Verbraucher, der Strom mit $\varphi = 30^0$ ($\cos \varphi = 0{,}866$ voreilend) aufnimmt, ferner die Spannung U_{23} mit dem gleichen Strom 90^0 voreilend (rein kapazitiv). Diese Belastung sieht zunächst (infolge eines Nullsystems) höchst unsymmetrisch aus; ermittelt man jedoch die Ströme in den drei Netzleitern, so ergibt sich, daß diese symmetrisch, nämlich gleich groß sind und jeder 60^0 Voreilung ($\cos \varphi = 0{,}5$) gegen die zugehörige Sternspannung aufweist. Handelt es sich im praktischen Fall um einen Verbraucher, der mit einer vom Betrage 30^0 abweichenden Phasenverschiebung arbeitet, so

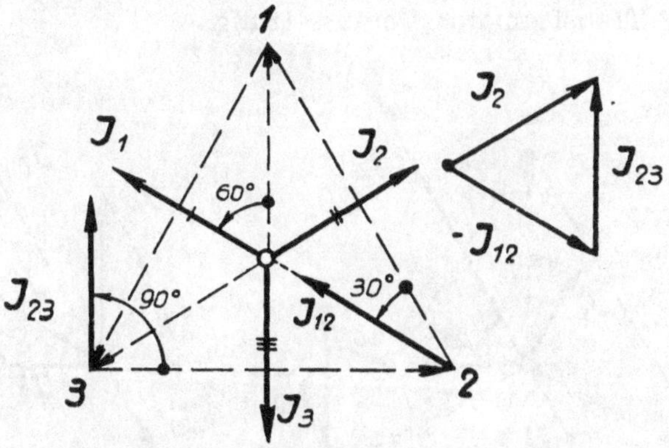

Abb. 32.
Laststrom J_{12} 30^0 voreilend, Zusatzstrom J_{23} 90^0 voreilend. J_1, J_2, J_3 resultierendes symmetrisches System mit 60^0 Voreilung.

ist es stets möglich, durch Zuschaltung von Kondensatoren diesen Wert zu erreichen.

Es erscheint zunächst nachteilig, daß in diesem Beispielsfalle der $\cos \varphi$ mit einem Betrag von 0,5 niedrig und voreilend wird. Es ist aber zu bedenken, daß es praktisch sehr häufig so sein wird, daß z. B. in einem Industriebetriebe zahlreiche Asynchronmotoren betrieben werden, so daß der hier auftretende kapazitive Blindleistungsumsatz mit Rücksicht auf die Kompensation der anderwärts auftretenden induktiven Blindleistungen sehr erwünscht sein kann; es läßt sich dann Symmetrierung des einphasigen und Phasenkompensation der symmetrischen induktiven Verbraucher gleichzeitig erzielen.

Liegen die Verhältnisse anders, so ist es auch möglich, einen induktiven Verbraucher durch eine kapazitive Blindlast zu symmetrieren, so daß an Blindleistung gespart wird. Ein Beispiel hierfür zeigt Abb. 33. Hier ist die Dreieckspannung U_{12} belastet durch einen Verbraucher mit $\varphi = 30^0$ Nacheilung ($\cos\varphi = 0{,}866$), die Sternspannung U_2 durch einen rein kapazitiven Strom J_z vom $\sqrt{3}$-fachen Betrage. Es ergibt sich ein rein symmetrisches Stromsystem mit 30^0 Voreilung, also $\cos\varphi = 0{,}866$. Im vorliegenden Falle ist naturgemäß ein im Sternpunkt belastbarer Transformator Voraussetzung.

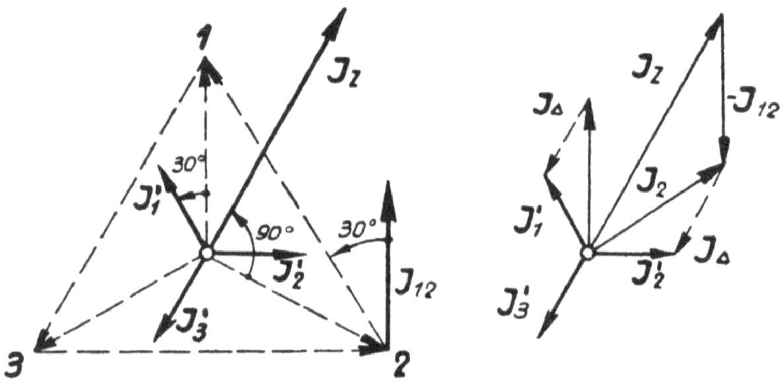

Abb. 33.
Laststrom J_{12} an U_{12} 30^0 nacheilend, Zusatzstrom J_z an U_2 90^0 voreilend. Mit Berücksichtigung des Nullpunktlast-Ausgleichstromes $J_\triangle$ folgt ein symmetrisches System J_1', J_2', J_3' mit 30^0 Voreilung.

In den beschriebenen Fällen ist es natürlich immer möglich, durch Zuhilfenahme von Induktivitäten die Phasenstellung in einem im Einzelfalle gewünschten Sinne zu verändern; jedoch wird man hiervon weniger gerne Gebrauch machen, da es aus wirtschaftlichen Gründen meist unerwünscht sein wird, zusätzliche induktive Blindlast einzuführen.

Beim Drehstromsystem ist es wie bei jedem Mehrphasensystem stets möglich, durch einfache Transformatorschaltungen

Spannungen beliebiger Phasenlage (und natürlich auch beliebiger Größe) zu gewinnen. Hiermit ergeben sich weitere Möglichkeiten der Symmetrierung. Abb. 34 zeigt ein Beispiel.

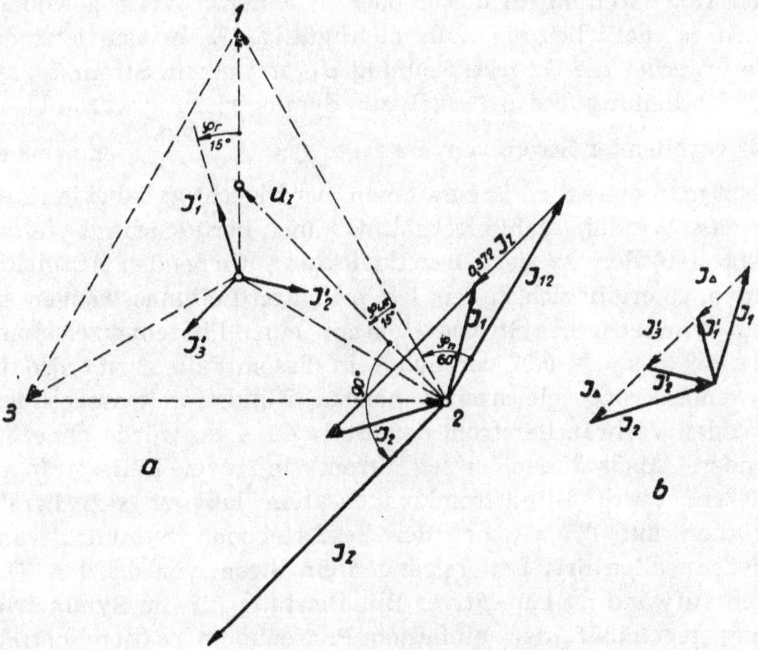

Abb. 34.

a) Laststrom J_{12} an der Dreieckspannung U_{12} 60° nacheilend. Zusatzspannung U_z 15° voreilend gegen U_{12}, J_z 90° voreilend gegen U_z. Zusammensetzung zu J_1 und J_2. b) Berücksichtigung des Ausgleichstromes in der Dreieckwicklung. Resultierend ergibt sich das symmetrische System J_1', J_2', J_3', 15° voreilend.

Der Übersichtlichkeit halber sei ein Transformator in Stern/Sternschaltung mit tertiärer Dreieckwicklung angenommen. (In Wirklichkeit ist die Transformatorschaltung natürlich gleichgültig.) Die Sternspannung U_1 erhält eine Anzapfung, die sie im Verhältnis 1,86 : 3,14 aufteilt. Dann läßt sich (Abb. 34a) zwischen dieser Anzapfung und der Klemme eine Spannung U_z entnehmen, die gegen die Dreieckspannung U_{12} 15^0 voreilende Phasenverschiebung und die Größe $U_{12} \cdot \frac{6,2}{8,66}$ hat. (Ob eine Spannung von 15^0 Voreilung in dieser oder in anderer Weise gewonnen wird, ist natürlich ebenfalls gleichgültig.) Es belaste jetzt der Verbraucher die Dreieckspannung U_{12} mit einem Strom J_{12} mit 60^0 Nacheilung ($\cos \varphi = 0,5$); zur Symmetrierung werde U_z ein 90^0 voreilender Strom vom Betrage $J_z = J_{12} \cdot \frac{8,66}{6,2}$ entnommen. Setzt man diese Ströme zusammen, berücksichtigt dabei in Phase 1 das Windungszahlenverhältnis und berücksichtigt ferner (Abb. 34b) den in der Dreieckwicklung fließenden Ausgleichstrom, so ergibt sich in den drei primären Leitungssträngen ein rein symmetrisches Stromsystem mit einer Phasenverschiebung von 15^0 ($\cos \varphi = 0.97$ voreilend). In diesem Falle ergibt also die Symmetrierung gleichzeitig nahezu Blindstromkompensation. Hat der Verbraucherstrom den Betrag 1 A, so würde ohne besondere Maßnahmen dieser Strom in zwei Leitersträngen fließen; durch Blindstromkompensation läßt er sich herabdrücken auf 0,5 A; bei der beschriebenen Symmetrierung fließt in allen drei Leitersträngen ein Strom von 0,299 A. Der Mehraufwand an kapazitiver Blindleistung für die Symmetrierung gegenüber der einfachen Phasenkompensation beträgt 15,9%; wenn es im Idealfalle möglich wäre (was jedoch, wie sich beweisen läßt, bei den gemachten Voraussetzungen nicht der Fall ist), genaue Phasenkompensation und Symmetrierung gleichzeitig zu verwirklichen, so würde der Strom statt 0,299 A 0,289 A betragen, also nur unwesentlich weniger.

Für das im Vorstehenden an Beispielen Gezeigte lassen sich leicht die allgemeinen Regeln angeben:

Zunächst müssen die Leistungsschwingungen, also die Scheinleistungen (Gl. 8) der Nutz- (Index l) und Zusatzlast (Index z) entgegengesetzt gleich sein. Es gilt also

$$U_l J_l + U_z J_z = 0, \quad \text{oder} \tag{36}$$

$$N_{s_l} + N_{s_z} = 0. \tag{37}$$

Werden für die Symmetrierung, was wohl in erster Linie praktisch in Frage kommt, Blindlasten angewendet, so wird $N_{s_z} = N_{b_z}$, und es wird

$$N_{s_l} + N_{b_z} = 0. \tag{38}$$

Würde man sich, statt Symmetrie herzustellen, mit Kompensation des Blindstromes der Nutzlast begnügen, so würde die hierfür erforderliche Zusatzblindleistung kleiner; sie wäre gegeben durch

$$N_{s_l} \cdot \sin \varphi_l + N_{b_z} = 0. \tag{39}$$

Da Energie nicht verloren gehen kann, muß ferner für das durch den Ausgleich sich ergebende symmetrische System (Index r) gelten:

$$3\, U_r\, J_r \cos \varphi_r + U_l\, J_l \cos \varphi_l = 0 \quad \text{und} \tag{40}$$

$$3\, U_r\, J_r \sin \varphi_r + U_l\, J_l + U_l\, J_l \sin \varphi_l = 0. \tag{41}$$

Auch die Phasenlagebedingungen lassen sich leicht angeben. Es gilt nämlich für den Augenblickswert der Leistung allgemein:

$$N_t = U \cdot J \cdot [\cos (\varphi_i - \varphi_u) - \cos (2\, \omega t + \varphi_u + \varphi_i)] \tag{3}$$

wenn die Spannung das Gesetz

$$u = U_m \sin (\omega t + \varphi_u)$$

und der Strom das Gesetz

$$i = J_m \sin (\omega t + \varphi_i)$$

befolgt. Mit anderen Worten: Die Phasenverschiebung der Leistungsschwingung ist gleich der Summe der Phasenverschiebungen von Strom und Spannung.

Es sei nun für Laststrom und -Spannung $\varphi_{u_l} = 0$, $\varphi_{i_l} = \varphi_l$; für die Zusatzlast seien die Werte φ_{u_z}, φ_{i_z} und $\varphi_z = \varphi_{i_z} - \varphi_{u_z}$.

Da die Leistungsschwingungen in Phasenopposition stehen müssen, gilt dann:

$$\varphi_{i_z} + \varphi_{u_z} - \varphi_l = 180^0. \tag{42}$$

Für den praktisch wohl häufigsten Fall nacheilender Phasenverschiebung beim Verbraucher und Ausgleich durch kapazitive Blindlast wird

$$\varphi_z = \varphi_{i_z} - \varphi_{u_z} = 90^0 \tag{43}$$

und damit

$$\varphi_{u_z} = \frac{1}{2}\varphi_l + 45^0. \tag{44}$$

Aus dem Vorstehenden läßt sich herleiten, daß ferner gilt:

$$\varphi_r = \varphi_{u_z}, \tag{45}$$

d. h. die Phasenverschiebung im resultierenden symmetrischen System ist gleich der der Zusatzspannung.

Aus diesen Gleichungen lassen sich die im Einzelfalle erforderlichen Daten leicht bestimmen. Abb. 35 gibt eine Zusammenstellung von Zahlenwerten.

Symmetrierung

eines Verbrauchers mit der Stromaufnahme $J_l = 1$, zugeh. Wirkkomponente J_{l_w}, mit nacheilender (voreilender) Phasenverschiebung φ_l durch rein kapazitive (induktive) Ausgleichslast an einer Hilfsspannung U_z mit der Phasenverschiebung φ_{u_z} gegen U_l · J_r resultierender symmetrischer Strom, φ_r (= φ_{u_z}) dessen Phasenverschiebung.

Verbraucher		Resultierend			
cos φ_l	sin φ_l	J_r	φ_r	cos φ_r	$\frac{J_r}{J_{l_w}}$
1,000	0,000	0,814	45,0	0,707	0,814
0,950	0,312	0,676	35,9	0,810	0,701
0,900	0,436	0,612	32,1	0,847	0,680
0,867	0,500	0,577	30,0	0,867	0,667
0,800	0,600	0,517	26,6	0,894	0,647
0,700	0,715	0,436	22,2	0,926	0,623
0,600	0,800	0,365	18,4	0,949	0,608
0,500	0,867	0,299	15,0	0,966	0,598
0,400	0,916	0,236	11,8	0,979	0,590
0,300	0,954	0,175	8,73	0,988	0,583
0,200	0,980	0,116	5,77	0,995	0,580

Abb. 35.
Zusammenstellung von Zahlenwerten.

Dem Vorstehenden ist der besseren Übersichtlichkeit wegen die Vorstellung zugrunde gelegt worden, daß die Unsymmetrie eines einphasigen Verbrauchers ausgeglichen werden soll. Liegt in Wirklichkeit beispielsweise eine Fabrik vor, die das Netz mit einer großen Anzahl von symmetrischen und unsymmetrischen Verbrauchern belastet, so ergibt sich insgesamt immer eine Last, die aus einem symmetrischen und einem einphasigen Stromsystem zusammengesetzt werden kann. Auf den letzteren Anteil lassen sich dann die vorstehenden Überlegungen ohne Schwierigkeit anwenden.

Die unsymmetrische Last wird in vielen Fällen stark und unregelmäßig schwanken. Handelt es sich um einen einzelnen unsymmetrischen Verbraucher, der zu- und abgeschaltet wird, so wird man die Ausgleichslast gleichzeitig mit ihm schalten. In schwierigen Fällen wird es notwendig werden, die Regelung der ausgleichenden Hilfslast selbsttätig vorzunehmen; da, wie oben zum Teil beschrieben, verhältnismäßig einfache Verfahren zur Messung der gegenläufigen Komponente und damit der Unsymmetrie bekannt sind, bereitet das, wenigstens grundsätzlich, keine Schwierigkeiten.

Literaturverzeichnis

G. Hommel: Über das Verhalten des asynchronen Drehstrommotors bei unsymmetrischen Klemmspannungen.
Diss. T. H. München 1910.

L. Fortescue: Method of symmetrical co-ordinates applied to the solution of polyphase networks.
Transactions Am. Inst. El. Eng. Vol. 37 (1918), S. 1027.

R. Brüderlink: Die Induktionsmaschine als Phasenumformer.
E u. M 39 (1921), S. 361.
REM-Entwurf vom 16. März 1922.
ETZ 43 (1922), S. 357.

Einar Zachrisson: Zur Definition des Begriffes Unsymmetrie eines Drehstromsystems.
ETZ 44 (1923), S. 897.

S. Bekku: Methode der symmetrischen Koordinaten und allgemeine Theorie der Erdschlußlöscheinrichtungen.
A. f. E. 14 (1925), S. 543.

S. Bekku: Synchronisierung zweier Drehstrom-Generatoren durch unsymmetrische Impedanzen.
ETZ 46 (1925), S. 656.

H. Piloty: Nullpunktsstrom, Nullpunktsspannung, Nullpunktsleistung, Nullpunktsblindleistung.
E u. M 44 (1926), S. 673.

G. Oberdorfer: Das Rechnen nach der Methode der symmetrischen Koordinaten.
E u. M 45 (1927), S. 296.

G. Oberdorfer: Einige Erdschlußgrundprobleme in symmetrischer Darstellung.
E u. M 46 (1928), S. 969.

G. Oberdorfer: Das Rechnen mit symmetrischen Komponenten.
Verlag Teubner, Leipzig und Berlin 1929.

G. Oberdorfer: Die Leistung in unsymmetrischen Dreiphasensystemen.
ETZ 50 (1929), S. 265.

W. Tolwinski: Das Problem der unsymmetrischen Belastung des Synchron-Drehstromgenerators und des Drehstromtransformators.
A. f. E. 23 (1930), S. 497.

M. Zorn: Bestimmung der Unsymmetrie von Drehstromnetzen.
ETZ 51 (1930), S. 1233.

G. Hauffe: Unsymmetrische Drehstromsysteme.
E u. M 49 (1931), S. 141.

G. Hauffe: Über Drehfelder bei unsymmetrischen Drehstromsystemen.
E u. M 49 (1931), S. 223.

K. Hessenberg: Die Berechnung von Symmetriestörungen in Drehstromnetzen mit Hilfe von symmetrischen Komponenten und Ersatzschaltungen.
E u. M 49 (1931), S. 273.

E. Friedländer u. O. Schmutz: Drehfeldscheider.
Wiss. Veröff. Siemens-Werke:
10 (1931), H. 1, S. 24.

Meyer-Delius: Die Strom- und Spannnungsverhältnisse in Anlagen zur Umrichtung von Drehstrom mit 50 Hz in Einphasenstrom mit 16²/₃ Hz.
Elektrische Bahnen 1932, S. 59.

P. Glebow: Umwandlung von Einphasenstrom in Drehstrom und umgekehrt.
ETZ 55 (1934), S. 513.

G. Hommel: Leistungsbegriffe und Leistungsfaktor bei ein- und mehrphasigen Wechselströmen.
A. f. E. 28 (1934), S. 737.

R. Reese: Konstanthaltung und Symmetrierung von Drehstrom-Drei- und Vierleiter-Spannungssystemen. Stromversorung von Zählereichanlagen durch röhrengesteuerte Synchrongeneratoren.
ETZ 56 (1935), S. 1069 und S. 1095.

P. Werners: Bedingungen und Leistungsbilanz bei der Umwandlung von Einphasenstrom in symmetrischen Drehstrom und umgekehrt.
A. f. E. 29 (1935), S. 40.

V. Aigner: Die Symmetrierung unsymmetrisch belasteter Drehstromnetze durch ruhende Ausgleichkreise.
ETZ 57 (1936), S. 29, 971, 997.

G. Hommel: Wechselstromleistungen in symbolischer Darstellung.
A. f. E. 30 (1936), S. 326.

F. Punga: Zur Definition der Scheinleistung des unsymmetrischen Dreiphasenstroms und ihrer Bestimmung.
A. f. E. 32 (1938), S. 822.

F. Punga: Beitrag zur Bestimmung der Wirk- und Blindleistung beim unsymmetrischen Dreiphasensystem.
ETZ 59 (1938), S. 309.

FSC
www.fsc.org
MIX
Papier | Fördert
gute Waldnutzung
FSC® C083411

Zeitfracht Medien GmbH
Ferdinand-Jühlke-Straße 7
99095 Erfurt, Deutschland
produktsicherheit@kolibri360.de